할아버지가 들려주는
우주이야기

L'Univers expliqué à mes petits-enfants
by Hubert Reeves

Original copyright ⓒ Editions du Seuil, Janvier 2011
All rights reserved.
Korean translation copyright ⓒ Yolimwon Publishing Co., 2011
This Korean edition published by arrangement with Editions du Seuil
through Bestun Korea Agency.

이 책의 한국어판 저작권은 베스툰 코리아 에이전시를 통해
Editions du Seuil와의 독점 계약으로 열림원 출판사에 있습니다.
저작권법에 의하여 한국 내에서 보호를 받는 저작물이므로
무단 전재와 복제를 금합니다.

천체물리학자 위베르

할아버지가 들려주는
우주이야기

위베르 리브스 지음 | 강미란 옮김

열림원

이젠 눈을 감고 이렇게 생각해보렴.

'나는 존재한다'라고 말이야.

눈을 뜨고 말해봐.

이 세상은 나를 중심으로 돌아가고 있다고.

얼마나 멋진 일이니.

상상이 돼?

들어가는 글

 이 책의 제목은 빅토르 위고의 『할아버지가 되는 법』을 떠올리게 한다. 예전과 달리 부부 관계가 견고치 못한 세상에 조부모라는 존재는 아이들에게 중요한 지표가 된다. 게다가 과거에 비해 손자, 손녀와 보내는 시간이 많아졌으니 더욱 그러할 수밖에. 책을 쓰기 시작하면서 이 글에 주어질 상징적 가치를 생각해보았고, 그것을 나는 영적인 유언이 주는 가치라고 생각하게 되었다.
 내가 이 땅을 떠난 후에도 손자들이 살아갈 거대한 우주에 대해 나는 어떤 이야기를 하고 싶은 것일까? 또 훗날 이 아이들이 우주에 대한 지식을 다음 세대에게 잘 전할 수 있도록 어떻게 도와야 하는 것일까?
 나는 열다섯 살 정도의 아이들을 대상으로 생각하고 이야기를 풀어볼까 한다. 물론 이 우주와 그 역사에 대해 알고 싶어 하는 성인들을 포함해 모든 사람들에게 들려주는 이야기이기도 하다.

이 책은 어느 여름날 밤, 손녀 아이와 함께 밤하늘을 관찰했던 데서 시작되었다. 우리는 긴 의자에 편히 누워 별이 총총한 밤하늘을 살피며 이야기를 나눴다. 글을 쓰는 내내 그 8월의 밤을 다시 살아보는 듯한 기분이 들었다. 별똥별을 기다리는 동안 수많은 질문을 퍼부었던 손자들과 함께 보냈던 그 8월의 밤을 기억할 수 있었다. 하늘을 주시하고 수많은 천체 중에 존재하는 나를 느낄 때면 바로 우리가 살고 있는 이 신비로운 우주에 대해 더 많이 알고 싶다는 욕구가 생김이 당연하다.

과학에 대한 이야기를 다루고 있는 이 글, 그렇다고 시적인 감상이 배제되는 것은 아니다. 그러므로 이 책은 문학작품이 그러하듯이 인생의 비밀에 대해 호기심을 품는 모든 이들에게 영감을 안기는 책이 되길 바란다.

위베르 리브스

차례

들어가는 글 • 6

밤하늘 아래서 • 11

별까지의 거리는 얼마나 되나요? • 16

별은 무엇으로 만들어졌죠? • 23

태양은 무엇 때문에 뜨거운 거예요? • 29

태양의 나이는 어떻게 알아요? • 36

우리는 별의 먼지다 • 40

벌집과 은하 • 45

팽창하는 우주 • 50

우주의 역사 • 58

우주의 나이는요? • 71

우주에는 우리밖에 없는 건가요? • 77

자연은 문자의 구소와도 같디 • 89

자연의 단계 • 97

파스칼과 사다리의 위쪽 • 110

돌판 • 121

멀티버스 • 133

시계와 시계공 • 139

블랙홀이 뭔가요? • 145

암흑 물질 • 152

암흑 에너지와 우주의 미래 • 157

고민 • 165

밤하늘 아래서

할아버지! 내가 할아버지랑 같이 우주에 대한 책을 쓴다고 했더니 친구들이 이런저런 질문을 했어요. 할아버지한테 물어봐달래요.

그래, 예를 들면 어떤 질문이 있을까?

우주의 크기는 얼마나 클까? 빅뱅이 일어나기 전에는 어땠을까? 세상의 끝이 있을까? 있다면 어떨까? 그리고 또 있어요. 생물이 살고 있는 또 다른 별이 있을까? 참, 할아버지가 외계인을 믿느냐는 질문도 있었어요. 친구들이 그러는데 할아버지 책에는 요리와 비교한 내용이 많대요. 문자 수프나 증조할머니가 만들어주셨다는 포도 푸딩 얘기도 하던걸요?

그럼 이 질문들에 대한 이야기를 해보자꾸나. 과학 덕분에, 특히 천체학 덕분에 많은 걸 알게 되었지. 하지만 아직 답을 알 수 없는 질문들도 많단다. 풀리지 않은 수수께끼가 많지. 우리가 모든 걸 알고 있다고 생각하면 안 된단다. 그래서 너에게도 설명하려는 거야. 우리가 살고 있는 이 세계는 아직 신비에 쌓여 있단다…… 우선 의자에 편히 눕고 눈을 감아보렴. 네 몸의 모든 기관에 집중을 하는 거야. 네 발, 손, 손가락…… 그리고 네 눈, 귀, 코까지. 어때, 느껴지니?

네, 제 몸이 다 느껴져요.

세상은 바로 이렇게 시작된단다. 우리 각자에게 모두 그렇지. 바로 네가 느끼는 것, 볼 수 있도록 해주는 것, 들을 수 있도록 해주는 것, 그리고 네 안의 세상뿐만 아니라 바깥세상까지 이해할 수 있도록 해주는 것, 거기서 시작되는 거야. 너는 이 세계에 속한 사람이란다. 그러니 너의 몸과 영혼을 통해 세계를 탐험해보는 거야. 이제 눈을 떠라. 지금은 밤이고 하늘은 맑구나. 온통 별로 가득하지? 반짝반짝 빛나는 별도 있고 희미하게 빛나는 별도 있어. 육안으로 겨우 볼 수 있는 그런 별들까지 말이다. 우선 우리를 지탱해주고 있는 지구가 있지. 낮이 되어 밝혀주는 태양도 있고, 희미한 달님도 있어.

이게 바로 다 세상이고 우주란다. 이 모든 것이 다 말이야.

하지만 시작하기 전에 일단 이것부터 물어보자. 네가 몇 살이지?

곧 열다섯이 돼요.

그럼 지금으로부터 20년 전에 넌 어디에 있었지?

제가 존재하지도 않았었죠!

물론 그렇지! 나는 있었지만 너는 없었지. 그러던 어느 날, 아주 놀라운 일이 생겼단다. 바로 네가 태어난 것이지. 네가 세상에 태어나 존재하기 시작한 거야. 바로 이 우주에 들어온 것이란다. 그전에는 너라는 존재가 없었어. 네가 태어난 그날, 즉 해마다 축하하는 너의 생일 이야기를 하는 게 아니란다. 그로부터 9개월 전, 네 아빠와 엄마가 사랑을 해서 너를 만들었던 바로 그 순간을 말하는 거야. 바로 그날이 너에게는 네 생일보다 중요하단다. 바로 그날, 태양 주위를 돌고 있는 지구라는 별에 모습을 나타낸 거란다. 그리고 그 태양은 이 우주의 수많은 은하들 중 우리가 속해 있는 은하수 주위를 돌고 있지. 또 이 모든 것은 네 엄마의 배 속에서 이루어졌단다. 긴 꼬리를 가지고 있는 수백만 개의 아주 작은 세포(정자)들이 아빠에게서 나왔어. 그리고 서로 경주를 시작한 거야. 이 세포들은 앞다퉈 난자로 향했던 거지. 바로 이 난자가 너의 또 다른 반쪽이었거든. 그 경쟁이 얼마나 치열한지 모를 거다! 난자를 향해 달려온 수많은 구혼자들 중 우리가 중요하게 생각해야 할 건 단 하나의 세포란다. 바로 그 경주에서 이긴 세포지. 그 세포가 난자로 들어가 수정이 이루어지는 거야. 경주에 참여했던 다른 정자들은 그렇게 죽고 만단다. 이렇게 만난 두 개의 세포가 자라 네가 된 거야. 그 덕분에 네가 존재하게 된 거지. 이렇게 너는 우주의 주민이 된 거야. 바로 그 순간이 네 인생의 긴 여행이 시작된 순간이란다. 그 후로 9개월 동안 난할이 시작되고 태아가 된 거야. 네가 살아갈 수 있도록, 그리고 네가 태어나는 그날, 즉 엄마 배 속에서 나온 그날부터 이 세상을 알아갈 수 있도록 네 몸의 세포들이 자리를 잡게 된 거지. 그런 네가 얼마 후 눈을 뜨고 세상을 보게 되었단다. 그리고 이렇게 이 할아비에게 질문을 하게 된 거지. 할아버지, 우주가 뭐예요, 하고 말이다.

일단은 너에게 아주 놀라운 정보를 하나 알려주마. 네가 태어나기 훨씬 전에 말이다. 만일 하늘에 별이 없었다면 넌 존재하지 않았을 거야. 태어나지도 않았을 거란 얘기다. 물론 나도 그렇지…… 이렇게 너와 내가 이야기를 나누고 있지도 않았을 거야.

세상에, 저 멀리 하늘에 떠 있는 별이 내 존재와 관계가 있다니요! 정말 놀라운걸요? 할아버지는 그걸 어떻게 아세요?

그 얘기는 곧 해주마. 그전에 너에게 먼저 설명해야 할 이야기가 많거든.

별까지의 거리는 얼마나 되나요?

할아버지 얘기를 들으니 별이 다르게 보여요. 그런데 저 별이 가까이 있는지 멀리 있는지는 아직 잘 모르겠어요. 예를 들어 지구와 태양 사이의 거리는 어떻게 알 수 있죠? 설명해주세요.

우선 태양에 대해 알아보자꾸나. 오늘 저녁 우리 전망대에 가서 석양이 지는 걸 보는 거야. 지평선을 향해 조금씩 기울어지는 크고 빛나는 그 원도 밤하늘에 빛나는 다른 별들과 다르지 않단다. 하지만 그 별들은 너무 멀리 있어 태양만큼 빛나지 않게 보이는 거지. 우린 운이 좋은 거야. 하늘에 뜬 별들 중 우리와 아주 가까이 있는 별이 있잖니!

네, 하지만 그 거리가 얼마나 되는데요?

물론 석양이 지는 산보다는 훨씬 멀리 있지.

아주 멀리요?

우리 인간은 아주 오래전부터 그 질문을 해왔어. 그리고 답을 얻기까지 오랜 시간이 걸렸단다. 어떤 사람들은 정말 멀리 있다고 했고, 또 어떤 사람들은 가까이에 있다고 했어. 미궁에 갇혀 있던 이카로스가 아버지와 함께 하늘을 날아 도망치려고 했었지. 등에 붙인 밀랍으로 만든 날개를 써서 말이다. 하지만 이카로스는 태양 가까이까지 가는 큰 실수를 저지르고 말았어. 결국 밀랍이 녹아 바다에 빠져 죽었다는 이야기가 있단다.

도대체 태양까지의 거리를 어떻게 재는 거죠?

여러 방법이 있지. 그중에서 달과 태양계의 거리를 재는 방법 한 가지를 말해줄까? 왜, 작년 여름에 산에 놀러 갔었지. 기억나니? 우리 목소리가 메아리로 전해지는 걸 들으면서 재미있어 했었잖니. 바로 거리에 따라 메아리가 돌아오는 시간도 달라진단다. 소리('야호' 하고 외치는 소리)의 속도는 아주 빨라. 1초에 340미터를 가거든. 우리가 '야호' 하고 소리친 메아리가 돌아오는 데 2초(1초, 2초)가 걸렸다면 그 소리가 부딪친 절벽이 340미터 거리(가는 데 1초, 오는 데 2초)에 있다는 거야. 태양계에서 거리를 잴 때도 같은 방법을 쓴단다. 하지만 산에서 소리를 질러 메아리로 계산하는 방법이 아니라 빛으로 거리를 계산하지.

빛에도 메아리가 있어요?

그럼, 소리와도 같단다. 하지만 그보다 훨씬 더 빨라. 빛은 소리보다 약 구십만 배는 더 빠르게 움직이거든. 달까지의 거리를 측정하기 위해서는 그 표면을 향해 레이저(일종의 빛이지)를 쏜단다. 그러면 달에 반사된 빛이 2초(가는 데 1초, 오는 데 1초)만에 돌아와. 그러니 달까지의 거리는 광속 1초라는 얘기가 되지.

 빛이 태양까지 가는 데는 8분이 걸린단다. 그러니 태양까지의 거리는 광속 8분인 거지. 간혹 태양 표면에 강한 폭풍이 휘몰아칠 때도 있어. 그러면 번개 같은 것이 태양 표면을 붉게 물들이거든? 하지만 우리는 그 일이 있고 8분이 지나서야 볼 수 있단다. 지구에서 태양 폭풍을 관측했을 때는 이미 8분 전에 그런 현상이 벌어졌다고 보는 거지. 왜 그럴까? 바로 태양에서 발생한 그 번개 같은 빛이 우리에게까지 오는 데 시간이 걸리기 때문이야.

그럼 오늘 저녁 우리 앞에 보이는 저 태양이 지금으로부터 8분 전의 모습이라는 말인가요? 그럼 지금 현재 태양의 모습은 어때요? 8분 사이에 변화가 있었을까요?

그걸 알려면 조금 기다려야지…… 약 8분 정도 더. 우린 태양과 아주 적절한 거리를 유지하고 있단다. 너무 멀면 추워서 살 수가 없을 거야. 또 너무 가까우면 어떻겠니. 더워서 바닷물이 다 증발하겠지. 액체인 물이 없다면 그 어떤 생물도 살아갈 수 없단다. 태양과 지구 사이의 거리가 적절하기 때문에 생물들이 살아갈 수 있는 것이고, 그래서 우리도 이렇게 편안히 살 수 있는 것이란다.

　이제 곧 밤이 되겠구나. 태양이 졌으니 말이다. 하늘에 별이 보이기 시작했어. 저 별의 빛이 지구까지 오는 데도 오랜 시간이 걸렸단다. 저기 보이는 별들 중에 어떤 건 광년으로 십여 년 거리, 또 어떤 건 백여 년 거리, 또 어떤 별은 천여 년 거리에 있단다. 예를 들어 북극성을 볼까? 우리에게 북쪽이 어딘지 가르쳐주는 그 별은 430광년의 거리에 있단다. 오늘 우리에게 모습을 드러내기 위해 북극성의 빛은 1580년경에 출발했다는 말이 되지.

할아버지가 동방박사라고 부르는 세 개의 별이 있잖아요. 오리온자리에 있는. 그 별들은 얼마나 먼 거리에 있어요?

우리 눈에 보이기까지 약 천5백 년을 여행했지. 그러니까 로마제국 말기에 출발해서 중세 시대를 다 거치고 르네상스, 그리고 그 이후의 시대까지 우주를 날아 우리에게까지

온 거야. 물론 메아리를 이용한 방법으로 그 별들이 여행한 거리를 측정할 수는 없단다. 그 거리를 왕복하는 데만 해도 3천 년이 걸리니 말이야. 그래서 다른 방법을 쓰지. 천문학 관련 서적을 보면 찾을 수 있을 거다.

 대형 망원경으로 찍은 우주의 모습을 보면 어떠니? 수많은 외부은하들이 보이지? 거기까지의 거리는 훨씬 멀단다. 그들 중 어떤 건 지구나 태양이 태어나기도 전에 그 모습을 우리에게 전송했다고 보면 돼. 그러니까 우주의 탄생 직후부터 여행을 했다는 말이지.

그 은하들이 지금은 어떻게 되었을까요. 그걸 어떻게 알죠? 어쩌면 더 이상 존재하지 않을 수도 있잖아요.

그럴 수도 있겠지. 많은 은하들이 그보다 더 큰 다른 은하에게 잡아먹혔다고 생각하기도 한단다. 은하 사이에선 잡고 잡아먹히는 일이 있거든. 하지만 그걸 직접 확인해보기 위해서는 몇 십억 년이 걸릴 거야. 우선 이것만은 잘 알아두어라. 네가 멀리 있는 별을 관측할 때, 너에게 보이는 그 별의 모습은 과거의 모습이지 현재 별의 모습이 아니라는 걸 말이야. '멀리 보는 것이 일찍 보는 것이다' 라고 요약할 수 있겠구나. 천문학자들은 지구상의 모든 역사학자들이 부러워할 만한 그런 타임머신을 가지고 있단다. 그걸 통해 우주의 과거를 직접 관측해볼 수 있는 거지. 예를 들어 태양이 생길 당시에 우주의 모습이 어땠는지. 즉 지금으로부터 45억 년 전의 모습을 알아보기 위해서는 우리에게서 45억 광년 떨어진 곳의 별을 관찰하면 되는 거야. 천문학자들은 아주 강한 힘을 가진 망원경을 이용해 이런 방법으로 관측을 하는 거란다. 그렇게 해서 우주의 역사를 알아볼 수도 있는 거야.

별은 무엇으로 만들어졌죠?

───◆───

별들이 아주 멀리 떨어져 있긴 하지만 지구에 사는 우리 존재에게 아주 중요한 역할을 한다고 하셨죠? 하지만 제 눈에는 작은 점들밖에 보이지 않는걸요? 별이 무엇으로 만들어졌는지 어떻게 알 수 있어요? 그리고 그 별이 우리 존재에 어떤 도움을 주는 거죠?

네 질문에 대답하기 위해서는 또 다른 개념에 대해 얘기해볼 필요가 있겠구나. 네가 이미 알고 있는 걸 수도 있어. 그럼 지금부터 원자와 빛에 대해 설명해볼까?

아, 원자에 대해서는 저도 배웠어요. 하지만 잘 이해하지는 못했어요. 그러니까 할아버지가 설명해주세요. 제가 아무것도 모른다고 생각하시고요.

그래, 알았다. 기본부터 설명하도록 하지. 네 주위를 살펴보렴. 여러 다른 물질들이 있다는 걸 알게 될 거다. 네가 걸어다니는 길을 만들어주는 흙과 돌이 있지. 네가 마시는 물도 있고, 네가 숨 쉬는 공기, 그리고 여러 과일과 채소가 있어. 물론 네가 느끼는 네 몸까지 말이다. 과학의 중요한 발견 중 하나가 뭔지 아니? 바로 이런 다양한 물질들이 알고 보면 원자라고 불리는 미세한 입자들의 조합으로 만들어졌다는 사실이야. 이미 네가 알고 있는 이름들이지. 산소, 탄소, 철, 염소, 소듐, 수소, 헬륨, 납, 금 등등. 백 개도 더 넘지. 그럼 이제 예를 한번 들어볼까? 물은 산소와 수소로 이루어져 있어. 소금은 염소와 소듐, 돌은 산소, 규소, 철, 그리고 마그네슘의 조합이지. 네 몸은 주로 산소, 탄소, 질소, 수소로 이루어졌단다. 네가 마시는 공기는 산소와 질소로 되어 있어. 이렇게 우리가 보고 느끼고 만질 수 있는 물질들이 여러 원자의 조합이라는 생각은 이미 2천 년 전에 소개되었어. 고대 그리스의 데모크리토스나 루크레티우스 같은 철학자들

덕분이지. 하지만 18, 19세기가 되어서야 그 정당성을 인정받았단다.

이건 다 지구에서 일어나는 일이잖아요. 별이나 다른 행성도 마찬가지예요? 태양도 우리처럼 원자의 조합으로 되어 있다는 걸 어떻게 알아요? 태양은 너무 멀리 있고, 또 원자는 아주 작잖아요!

그래, 네 질문에 대답하기 위해서 이제부터는 빛과 색깔에 대해 말할 생각이다. 우선 간판에 사용되는 형광등에 대해 말해볼까? 코카콜라의 빨간색은 유리관에 담긴 수소 원자가 보내서 만들어진 색이란다. 터널을 비추는 노란빛은 소듐이 보내는 색이고, 또 보랏빛을 띠는 건 수은 때문이야.

어떻게 하면 원자가 빛을 보내게 만들 수 있는 거예요?

원자에 에너지를 주는 거지. 예를 들면 전기 같은 에너지. 그러면 원자는 그 전기에너지를 빛으로 만드는 거란다. 원자들은 각자 특유의 빛을 뿜어내. 수소는 주로 붉은색, 소듐은 노란색, 수은은 보랏빛이 도는 색깔을 만든단다. 그런 색깔 덕분에 어떤 원자인지 알아낼 수 있는 거야. 원자가 어디에 있든지 색이 달라지는 일은 없어. 그게 지구든 지구 밖이든 우주의 끝이든 말이야.

그럼 별의 색을 보고 그 별이 무엇으로 되어 있는지 아는 거예요? 정말 대단해요! 누가 그런 아이디어를 낸 거죠?

요제프 폰 프라운호퍼라고 독일 천문학자란다. 1811년 태양의 빛을 분석하는 데 성공했지. 바로 그 연구를 통해 빛을 이루는 다양한 원자의 자국을 발견한 거야. 이를테면 수소나 칼슘 등이 있었지. 따라서 태양 역시 우리처럼 여러 원자로 구성되어 있다고 보는 거지. 그건 우주에서 관측되는 여러 별이나 행성도 마찬가지야. 그곳에서 우리가 이미 알고 있는 원자를 발견했거든. 이미 우리가 알고 있는 원자들을 말이야. 그러니 아직 지구에서 발견되지 않은 원자들을 관측할 수는 없었지. 얼마나 위대한 발견인지 상상이 가니?

망원경을 통해 전해지는 빛으로 하늘에 빛나고 있는 모든 것들의 원자 조합을 알아낼 수 있는 거야!

또 하나 재미있는 이야기를 들려줄까? 그 비슷한 시기에 오귀스트 콩트라는 프랑스 철학자가 있었단다. 그리고 이 철학자는 자신이 불가능하다고 생각했던 발견 리스트에 태양의 화학 조합에 대한 지식을 집어넣었단다. 그러니 알겠지? 절대 '불가능'은 없는 법이라는 걸!

태양은 무엇 때문에 뜨거운 거예요?

아! 오늘 저녁에는 꼭 석양을 보고 싶었단다. 안 그래도 그에 대해 질문할 것이 많다고 했지? 이제 물어보려무나. 해가 완전히 지기 전에 말이다.

하늘의 태양은 언제부터 존재한 거죠? 어떻게 해서 저렇게 따뜻한 빛을 만들어낼 수 있는 건가요?

우리 인간은 몇 천 년 전부터 그런 질문을 해왔지. 하지만 그 답은 지금으로부터 약 천 년 전에 찾을 수 있었어. 아주 최근의 일이라고 할 수 있지.

우선 네 질문에 대한 대답을 해주는 게 좋겠구나. 그리고 어떻게 그걸 알게 되었는지를 설명하도록 하마. 해답을 찾기 전으로 돌아가 그 문제가 어떻게 해결되었는지를 알아보는 게 얼마나 흥미롭니, 안 그래?

태양은 핵에너지로 뜨거운 것이란다. 원자로와 같은 시스템이지. 여러 나라에서 전기를 만드는 데 중요한 원동력이 되는 것도 바로 원자로란다⋯⋯ 태양은 45억 년 전부터 빛나고 있지. 그걸 발견하게 된 건 18세기, 그리고 19세기에 이루어진 지질학 연구 덕분이야. 여러 지층을 뚫고 발굴을 하던 중에 몇 억 년 전에 존재하던 식물과 동물의 화석 조각을 발견하게 된 거야. 생물이 존재하기 위해서는 계속해서 제공되는 열기가 필요한 법이거든? 그러니 오래전에도 태양이 빛나고 있었다고 생각하게 된 거지. 그리고 다음 같은 질문들을 하게 됐지. 아주 오랫동안 열기를 뿜어낼 수 있도록 도와주는 그 에너지의 원천은 무엇인가? 어떻게 해서 에너지를 고갈시키지 않고 빛나는 것일까 등등. 19세기의 과학자들은 아직 원자력의 존재를 몰랐단다. 20세기가 되어서야 발견했으니까.

태양이 지금의 크기와 같은 거대한 석탄이라고 생각해보자. 석탄을 조금씩 써가면서 에너지를 낸다고 말이야. 태양이 타들어가며 우리 지구를 비춰주는 빛이 되는 속도를 생각해보렴. 과연 얼마 만에 보유해두고 있던 석탄을 다 써버릴까? 그 답은 아주 간단해. 백만 년, 기껏해야 몇 백만 년밖에 못 견딜걸! 여기서 질문이 하나 생기지. 2억, 아니, 3억 년 전에 공룡들이 살았다는 걸 발견했잖니? 그러니 몇 백만 년밖에 지속되지 못했을 석탄으로는 모자란다는 말이야. 그래서 사람들은 생각했지. 분명 다른 형태의 에너지가 존재할 것이라고. 당시에는 몰랐지만 태양이 오랜 시간 동안 빛을 비출 수 있도록 해주는 그런 에너지가 있을 것이라는 생각! 그리고 그 에너지의 진실을 20세기 초에 발견했단다. 바로 원자력이지. 태양도 여느 별들과 같이 대부분 수소로 이루어졌어. 중심 온도는 약 천4백만 도 정도란다. 온도가 높기 때문에 수소가 원자핵과 반응을 하고, 바로 거기서 에너지가 나오는 거야. 수소는 스스로를 소진하며 헬륨으로 바뀐단다. 인간들이 만들어낸 수소폭탄과 같지.

하지만 태양은 폭발하지 않잖아요!

바로 그게 다른 점이지. 태양은 지속적인 방법으로 에너지를 배출한단다. 핵융합이라고도 하지. 지구에서는 폭탄을 만들 수는 있단다. 하지만 아직 에너지의 흐름을 조절하는 방법은 몰라. 그래서 이에 관해 많은 연구들을 하고 있지.

태양 중심부에서 이루어지는 수소 연소가 이 하늘을 덮고 있는 수많은 별들의 에너지 원천이 되기도 한단다. 수소 연소는 두 가지 중요한 효과를 내지. 우선 에너지를 방출하고, 그 에너지가 빛과 열기로 변화한단다. 태양은 충분한 원자력을 보존하고 있어. 그래서 백억 년도 넘는 오랜 기간 동안 빛을 비출 수 있는 거야. 그러니 공룡이 문제가 아니겠지? 그다음으로 중요한 것은 수소 연소를 통해 다른 원자들을 생성한다는 것이지. 네 개의 수소가 만나 하나의 헬륨을 만드는 거야. 그리고 그 헬륨이 다시 탄소, 질소, 산소로 변한단다. 또 그 후에는 여전히 같은 핵반응 현상을 통해 우주의 원자 대부분이 별 내부에서 만들어지는 것이란다. 그리고 그 별들도 나이를 먹지.

이런 원자들이 별 내부에서 만들어졌다면 어떻게 해서 우리에게까지 전해지는 거죠?

별들이 영원히 사는 건 아니야. 원자력을 다 써버리면 별들도 죽는 거지. 태양도 마찬가지란다. 계산에 따르면 50억 년 후면 태양이 사라진다고 해. 나중에는 아주 거대한 성운 모양을 띠게 되는 거란다.

오늘 밤에도 성운을 볼 수 있나요?

자, 하늘을 보렴. 여름철 대삼각형이 보이니? 거문고자리의 베가, 백조자리의 데네브, 그리고 독수리자리의 알타이르. 베가 별 곁에는 아주 멋진 성운이 있단다. 하지만 그걸 보기 위해서는 망원경이 필요하지. 조금씩 생을 다해가는 별들을 이루고 있는 모든 물질(앞으로 살아가며 만들어낼 새로운 원자들까지 포함)이 우주로 퍼져나가고, 그 후에는 은하수의 안개 속으로 들어가는 거란다. 거기서 또 새로운 별이 태어날 수 있는 거지. 그들 중 어떤 건 우리 지구 같은 별이 되고 말이다. 죽은 별이 품고 있던 원자들을 새로 태어난 별에서 찾아볼 수 있어.

그럼 태양이 어떻게 태어났는지도 알 수 있어요? 또 어떻게 죽는지도?

그걸 이해하기 위해서는 옆 숲으로 이동을 해야겠구나. 떡갈나무가 많은 숲이란다. 이 떡갈나무는 아주 오래 살지. 우리보다 훨씬 더. 어떤 나무는 천 년, 아니, 그 후까지도 산단다. 그 누구도 떡갈나무의 한생을 온전히 다 관찰할 수는 없는 법이야. 하지만 이렇게 걷다보면 제각기 다양한 나이의 나무들을 만날 수 있지. 아직 도토리에 붙어 있는 새끼 떡갈나무, 잎이 몇 나지 않은 어린 떡갈나무, 거대하게 성장한 떡갈나무, 거의 죽어가는 떡갈나무, 그리고 땅바닥에 버섯이나 덩굴로 덮여 조금씩 썩어가는 죽은 나무가 있어. 몇 세기를 기다리지 않고도 그걸 보고 떡갈나무가 어떻게 이루어지고 또 어떻게 살아가는지 알 수 있는 거란다.

오늘날에는 별의 생에 대해 많은 걸 알게 되었단다. 우선 별들의 요람이라 불리는 성운에서 만들어지지. 아주 무거운 가스성운이 그 무게 때문에 무너질 때 생기는 것이란다. 원년 거대분자 구름, 그리고 태양 구성체라 불리는 것으로부터 우리가 아는 태양이 탄생했지. 그리고 여러 행성들과 혜성, 운석이 있는 태양계가 생긴 것이라고 보면 돼. 이젠 별 하나가 어떻게 태어나고 어떻게 죽는지 알 수 있단다. 각 별의 나이를 알 수도 있고, 언제까지 살지 알 수도 있지.

우리 머리 위의 하늘은 별들의 숲과도 같아. 떡갈나무들처럼 제각각 나이도 다르단다. 아주 어린 별, 삶의 중간까지 온 별(태양도 이런 별에 속하지), 늙은 별, 그리고 죽은 별의 잔해들까지 다 있어. 50억 년이 지나 태양이 소멸하는 걸 기다리지 않고도 어떻게 태어나서 어떤 단계를 밟아 늙어가는지 알 수 있단다. 태양의 과거와 미래까지 모두.

태양의 나이는 어떻게 알아요?

석양도 저물고 별들이 반짝이기 시작했구나. 그럼 이젠 별들에 대한 이야기를 나눠볼까?

아직 태양의 나이를 어떻게 알 수 있는지는 설명하시지 않았잖아요!

아, 그럼 또다시 원자 이야기를 해야겠구나. 20세기 초반이었지. 피에르 퀴리와 마리 퀴리 덕분에 더 작은 원자를 발견할 수 있었단다. 이를테면 우라늄 같은 게 있지. 그리고 이런 원자들에서 특별한 점을 찾아냈어. 그게 뭐고 하니, 바로 안정적이지 못하다는 점이야. 어느 정도의 시간이 지나면 더 작은 조각으로 분해가 된단다. 그러면서 열기를 뿜어내지. 이걸 원자의 핵분열이라고 해. 우라늄의 한 종류인 우라늄235는 평균적으로 10억 년이 지나야 분열을 한단다.

그럼 이런 모든 원자들은 동시에 분열을 하나요?

아니, 조금씩 이루어지지. 다시 말해 10억 년이 지나면 처음에 있었던 우라늄의 반이 분열되고, 20억 년이 지나면 그 중 4분의 1만 남는 거지. 30억 년이 지나면 8분의 1, 이렇게 진행되는 거란다. 그래서 우라늄235를 반10억 년의 삶이라고 하지.

그 우라늄은 어디서 발견되나요?

어떤 돌들은 극소량의 우라늄을 포함하고 있단다. 만져보면 따뜻하지. 이 원자를 농축시켜 원자로 연료로 쓸 수 있지. 핵폭탄도 같은 원리로 만들고 말이다……
 하지만 이게 끝이 아니야. 다른 용도로도 쓰인단다. 바로 크로노미터지. 돌의 방사성 원자의 양을 측정하는 거야. 방사성 원자의 양이 적다는 건 그 돌이 늙었다는 뜻이란다. 그래서 지구에 있는 돌의 나이뿐만 아니라 운석의 나이까지 알 수 있는 것이란다.

운석이 뭐예요?

태양계의 별들처럼 우리 태양 주위를 도는 돌 같은 물체란다. 그 크기도 다양하지. 작은 것들은 자갈 정도의 크기야. 운석이 대기 중으로 들어오면 자국을 남기며 사라진단다. 작년 8월에 봤던 별똥별 기억하지? 그리고 큰 운석들은 지구에 떨어지기도 해. 대부분의 운석에는 방사성을 가지고 있는 다양한 원자들이 있단다.

처음에는 깜짝 놀랄 수밖에 없었단다. 운석들의 나이가 거의 비슷했거든. 그 나이는 자그마치 45억 살이었으니까.

우주인들이 달에 갔을 때 땅에 떨어졌던 돌을 가져왔어. 방금 말한 방법으로 그 돌들의 나이를 측정했단다. 그 결과가 궁금하지? 바로 운석의 나이와 같았지 뭐냐!

그렇게 나이가 같은 이유는 뭔가요?

내가 얘기했던 것 기억하니? 별이나 행성은 아주 미세한 먼지와 가스 덩어리에서 나왔다고. 운석과 달에 있던 돌의 나이는 아마 그 태양이 만들어지기 전의 먼지구름의 나이가 아닐까 생각하고 있단다. 이 모든 것들이 지금으로부터 45억 년 전에 시작된 것이지.

우리는 별의 먼지다

태양이 완전히 사라졌어요. 오늘 밤하늘은 참 아름다워요. 여기저기 별도 보이고. 할아버지 책에 보면 우리는 모두 별의 먼지라고 했는데, 그게 무슨 뜻이에요?

현대 과학의 위대한 발견 중 하나가 또 그것이란다. 우리와 별들의 세계를 이어주는 바로 그 발견!

 하늘을 보면서 이마를 만져보렴. 네 몸을 이루고 있는 원자들이 저 별에서 온 거라면 믿을 수 있겠니? 하지만 바로 그게 망원경을 통해 천문학자들이 발견한 거란다. 물론 오랜 연구 끝에 알게 된 것이기도 하지. 이미 말했다시피 저 별들의 중심부는 아주 뜨겁단다. 몇 백만 도도 넘는다니까 말이야. 그리고 그 안에서 원자력 반응이 일어난단다. 그렇게 별에서 새로운 원자들이 생겨나고, 그 원자들이 천체에 쌓이게 되는 거야. 그러다 시간이 지나면 죽는 별들도 생기고 일부가 떨어져 나가는 그런 별들도 생기겠지? 그럼 그 원자들이 우주 속을 헤매게 되는 것이란다. 그중 어떤 것들은 우리 지구를 이루는 물질 속에 들어가게 되지. 땅에서 움직이거나 대양을 돌아다니거나 하면서 말이야. 그러다 이 원자들이 생명체 안으로 들어가게 된단다. 그 이후로 이 원자들이 각 인간의 구성체가 되었던 거지. 네가 음식을 먹음으로써 원자들이 쉴 새 없이 네 몸 안으로 들어가는 거야. 그러니 우리 인간들은 별의 먼지라고 할 수 있지 않겠니? 이렇게 생각하면 저 하늘의 별들이 바로 인간들의 조상인 셈이지. 어떤 시대의 사람이든 상관없이. 물론 지구에 존재하는 모든 생물의 조상이기도 하고 말이다. 사람이 죽으면 몸에 있던 원자들이 땅속으로 들어간단다. 그 원자들은 다른 생물체, 즉 식물이나 동물을 만드는 데 다시 쓰여. 원자는 결코 죽지 않거든. 지구라는 거대한 시스템 속에서 지속적으로 재생된단다.

그런 재생이 계속되나요?

50억 년 후 태양이 죽을 때 까지는 계속되겠지. 그때가 오면 태양은 노란색에서 붉은색으로 바뀌고, 그 부피도 엄청나게 커질 거야. 안타레스처럼 적색거성이 되는 거지. 전갈자리의 눈 역할을 하고 있는 안타레스는 여름이 되면 남쪽에서 보여. 지평선 바로 위쪽에 뜨거든. 어쨌든 거대해진 태양이 뿜어내는 열기를 우리 지구도 받게 되겠지? 그러면 물이 증발하고 땅도 마를 거야. 그게 지속된다면 돌마저도 증발해버리지. 지구에 있는 모든 원자들이 우주로 돌아가고 새로운 먼지구름을 만들 거야. 그런 성운에서 너같이 예쁜 소녀가 살게 될 또 다른 행성이 생겨날지 모르지. 할아버지에게 이런저런 질문을 해대는 우리 손녀 같은 사람들이 살 별…… 그럼 거기서도 지구에서와 같이 재활용 시스템이 이루어지는 거야.

사람들은 이런 질문을 하지. 과연 망원경이며 천체학이 무슨 도움이 되느냐고 말이야. 우리 손녀딸은 그 질문에 대한 여러 답들 중 적어도 하나는 알게 되었어. 망원경이며 천체학 덕분에 아주 멀리 있는 별이라 할지라도 우리와 깊은 관계가 있다는 걸 알게 되었으니까 말이다. 별이 없다면 원자도 없고, 또 원자가 없다면 질문을 만들어낼 똑똑한 뇌도 생기지 않겠지? 우주에서 어떤 일이 생기는지, 또 우리는 어떻게 존재하게 되었는지 알아보려고 했던 노력이 헛된 것은 아니었어. 과학 덕분에 우주에 대해 알게 되었고, 우린 곧 우리 자신에 대해 알게 되었지. 과학은 하늘과 땅에서 이루어진 일들을 찾아내고 이해하려 한단다. 그런 여러 현상 때문에 우리가 존재하는 것이고 말이야…… 바로 과학이 우리 인간들의 역사와 이야기를 들려주고 있단다.

우주에 대해 공부하다보면 정말 뜻하지 않은 걸 알게 된단다.
도저히 상상할 수 없던 것까지도 말이야.

별집과 은하

할아버지! 아직도 궁금한 게 많아요.

그럼 다시 의자에 가서 앉을까? 가서 얘기하자꾸나. 이젠 밤이 깊었구나. 하늘에 뜬 수많은 별들이 다 보이니 말이다.

네, 정말 별들이 가득하네요…… 하늘 구석구석 별이 안 보이는 곳이 없네요. 우주도 그런가요?

아니, 별 없이 엄청나게 큰 공간이 존재한단다. 육안으로는 볼 수 없고 망원경으로 관측할 수 있지. 우주의 별들은 서로 뭉쳐 있단다. 그렇게 해서 큰 별 집단을 만들고 그걸 우리는 은하라고 불러. 각 은하는 약 천억 개의 별을 보유하고 있단다. 우리에게 별이 잘 보이는 이유는 우리가 바로 은하 내부에 있기 때문이지. 우리 은하계를 벗어나면 별을 잘 볼 수가 없어. 은하 속에 있는 별들을 벌집에 있는 벌들과 비교할 수 있겠구나. 벌은 벌집에서 나고, 살고, 또 죽는단다. 벌집은 수도 없이 많지? 각 벌들은 그중 하나의 벌집에서 나온 거란다. 말 그대로 가족들과 함께 사는 집인 셈이지. 그와 같은 방법으로 별들도 각각 자기 은하계에 속해 있어. 태양도 우리 은하수에 있는 별들 중 하나란다.

하늘에서 우리 은하계가 보여요?

하늘을 잘 보렴. 저기 북쪽 지평선 위로 떠오르는 하얗고 연한 띠 같은 게 보이니? 우리 머리 위를 지나 남쪽 지평선으로 넘어가잖아, 그렇지? 그게 바로 우리 은하수란다. 물론 한 부분밖에는 볼 수 없어. 나머지 부분은 지구 아래쪽을 지나 다시 북쪽으로 연결되거든. 우리가 은하수 안에 있기 때문에 그 전체를 볼 수는 없는 거란다. 마치 나뭇가지 위에 올라간 사람이 나무 전체를 볼 수 없는 것과도 같지. 그 사람 주위로 늘어진 가지들만 보이지 않겠어?

그럼 다른 은하들도 볼 수 있어요?

아무리 가까이 있는 은하라고 해도 육안으로는 볼 수 없단다. 단 세 개의 은하는 좀 다르지. 유난히 어두운 밤이면 언뜻 보이기도 한단다. 북반구의 가을 하늘에는 안드로메다가 보여. 카시오페이아자리(W 모양) 옆쪽으로. 물론 망원경으로 봐야 하지. 타원형 모양의 하얀 자국이 보이면 기억하려무나. 너에게 보이는 그 빛은 3백만 년 전에 자신의 은하를 떠난 빛이라는 걸 말이다. 그게 언제냐고 하면? 우리 인간들의 조상이 막 지구를 걷기 시작했을 때겠지? 남반구에서는 나머지 두 개의 은하를 볼 수 있단다. 두 개의 마젤란 성운이야. 제일 가까이 있거든. 다른 은하들은 너무 멀리 떨어져 있어. 어떤 건 몇 천 배나 더 멀단다.

은하가 얼마나 되는데요?

가장 강력한 망원경으로 관측했을 때 약 몇 천억 개의 은하가 보여. 우리가 보기에 우주는 거대한 대양에 담겨진 은하 집단이라고 해도 과언이 아니지. 그걸 우리는 은하계라고 한단다.

그럼 강력한 망원경으로 우주의 은하를 모두 볼 수 있는 건가요?

아니지, 아무리 강하다는 망원경을 가지고도 우주 전체를 볼 수는 없어. 지평선이 그 한계이기 때문이야. 그 너머로는 볼 수가 없지. 바닷가에 앉아서 멀리 내다보는 것과도 같단다.

할아버지는 지평선 너머에 무엇이 있을 거라고 생각하세요?

또 다른 은하들이 있겠지, 물론.

얼마나 많을까요?

글쎄다, 그건 모르지.

그 숫자가 무한일 가능성은요?

물론 가능하단다. 우주에 대해 공부하다보면 정말 뜻하지 않은 걸 알게 된단다. 도저히 상상할 수 없던 것까지도 말이야.

팽창하는 우주

어디선가 읽었는데 우주가 팽창을 한대요. 그게 무슨 뜻이죠? 더 커진다는 말인가요? 만일 크기가 자란다면 어디서 자란다는 거예요? 설명해주세요, 할아버지.

어떤 문제에 대해 이야기를 할 때에는 그 문제의 원인으로 거슬러 오르는 게 좋아. 우주가 팽창한다는 생각은 어디서 온 것일까? 1920년경, 캘리포니아에 아주 거대한 망원경이 설치되었단다. 허블이라는 미국 천체학자가 은하들의 거리와 그 움직임을 연구하기 시작했지.

그럼 은하들이 움직인다고 생각한 거예요?

글쎄다…… 모든 게 가능하니, 뭐! 연구 결과는 정말 놀라웠단다. 정말 생각조차 하지 못했던 결과라 처음에는 허블조차도 의심을 했다니까? 연구를 하는 데 있어 어디선가 실수를 했다고 생각했지. 그런데 그의 제자들이 나서 허블을 안심시켰지. 세상의 비전을 바꿔놓을 수 있는 그런 대발견을 했다는 걸 허블 자신은 몰랐던 거야.

놀라운 대발견이라는 게 어떤 거였어요?

우주 속의 은하들이 부동 상태로 있는 것이 아니라는 발견이었지. 은하들은 서로 조금씩 멀어지고 있었다는 거야. 여기까지는 그리 놀라울 게 없지. 하지만 그다음이 문제였단다. 말도 많았지. 그건 바로 은하 전체가 아주 특별한 모습으로 움직이고 있다는 것이었단다. 은하가 멀면 멀수록 그 멀어지는 속도도 빨라진다는 게 아니겠니!

그걸 어떻게 상상할 수 있겠어요? 지금이야말로 할아버지의 그 유명한 포도 푸딩 이야기를 해주셔야겠어요.

그래, 그 비유가 이 현상에 대해 잘 설명해줄 수 있겠구나. 효모가 들어 있는 반죽에 건포도를 넣고 그걸 다시 오븐에 집어넣어. 그리고 무슨 일이 일어나나 지켜보는 거야. 반죽이 부풀어 오르면 안에 있던 건포도도 움직이겠지? 그 움직임 때문에 건포도들은 서로서로 조금씩 멀어지게 된단다. 자, 이젠 이렇게 상상해보자꾸나. 우리가 그 건포도들 중 하나 위에 자리를 잡고 우리 주위에서 일어나는 일을 지켜보고 있다고 말이다. 옆에 있던 다른 건포도들이 아주 특별하게 움직인다는 걸 알게 될 거야. 우리와 가까이 있는 건포도들은 천천히 움직이고, 멀리 있는 건포도들은 그보다 훨씬 빨리 움직이는 걸 볼 수 있을 거야. 전체적으로 서로서로 멀어지고 있는 거지. 이걸 푸딩이 팽창한다고 하는 거란다.

아, 알겠어요! 은하들도 같은 이치인 거죠?

그렇지! 하늘에 있는 은하들도 그렇게 움직이는 거란다. 그래서 우주가 팽창한다고 하는 거야. 은하들이 서로서로 멀어지고 있는 그 움직임을 뜻하는 거지. 과거에는 그 은하들이 더 가깝게 위치하고 있었고, 또 미래에는 점점 더 거리를 둔다고 보면 돼.

그럼 우주도 점점 커지는 건가요?

어떤 것과 비교할 때는 늘 조심해야 하지. 비교라는 것이 한계가 있거든. 우주가 푸딩을 닮았다는 건 그 움직임이 비슷하다는 뜻이야. 하지만 모양은 다르단다. 푸딩은 그 안쪽과 바깥쪽이 있잖아? 그리고 그 푸딩은 오븐 속이라는 빈 공간에서 팽창하지. 하지만 우리 우주는 안쪽도 바깥쪽도 없단다. 현재 우리가 알고 있는 정보에 따르면 우주 주위에 빈 공간이 없다고 해. 우주는 수많은 은하들이 모인 곳이야. 그리고 그 은하들이 조금씩 서로에게서 멀어지는 거지.

정말 상상할 수가 없어요!

놀랄 일도 아니다. 우리가 일반적으로 보고 생각할 수 있는 범위를 넘어서면 당연히 어려움에 부딪칠 수밖에 없거든.

우리는 아주 좁은 범위에 익숙해졌어. 그러니 우주에 대한 이야기를 할 때는 우리가 늘 갖고 있던 기준이 사라지는 거지. 우주를 연구하고 탐험해보겠다는 우리 인간들이 치러야 할 값이랄까? 다행히 우주에 대한 연구를 하는 천문학자들은 우주적인 상상에 맞춰가고 있어.

지금 네가 알아두어야 할 것은 이 우주가 수많은 은하로 구성되었다는 것, 그리고 각 은하들의 거리가 조금씩 더 멀어지고 있다는 점이야. 그게 바로 우주가 팽창한다는 표현의 의미란다. 그것뿐이야.

이 발견에 대해서 좀 더 말해볼까? 이 세상에 대한 아주 중요한 정보를 준 발견이었기 때문이지. 다시 말해 지금 우리가 사는 세상이 과거에는 이렇지 않았다는 거야. 그리고 미래에는 또 다른 모습을 한다는 거지.

그런 발견을 하기 전에는 어떻게 생각했었나요?

2천 년 전 아리스토텔레스가 설명한 우주의 이미지를 받아들였었지. 그리스 철학자인 아리스토텔레스에 따르면 우주는 늘 존재했었고, 앞으로도 늘 존재해야 한다는 것이었어. 그 어떤 변화도 없이 말이다. 우주는 정지 상태, 영원히 그 모습 그대로라고 아리스토텔레스는 생각했어. 물론 조금씩 바뀌는 것도 있다는 걸 알았어. 이건 아리스토텔레스도 인정했단다. 예를 들면 나무가 썩는 것, 금속이 녹스는 것, 산에 침식작용이 일어나는 것, 계곡에 물이 차는 것 등등. 하지만 이건 작기만 한 우리 세계의 여러 사건들일 뿐이라고 했지. 일화 같은 것 말이다. 더 큰 세계에서는, 그러니까 하늘과 별의 세계에서는 그 무엇도 변하지 않는다고 확신했었단다.

어떻게 그런 결론에 이르렀던 거죠?

아리스토텔레스는 바빌론 천문학자들의 연구를 잘 알고 있었거든(바빌론 천문학자들은 아주 오래전부터 하늘에서 일어나는 모든 일들을 꼼꼼하게 기록했었단다). 게다가 제철이 되면 별자리들도 그대로 나타났지. 그러니 움직이지 않는 우주라는 생각에 반할 근거가 없는 거야. 그래서 아리스토텔레스도 우주의 영원함을 믿었던 거지. 시작도 없고 끝도 없는 그런 우주를 말이다.

하지만 제 기억이 맞는다면 당시 천문학자들에게는 망원경이 없지 않았나요?

그래, 바로 그것 때문에 모든 게 달라졌어. 16세기에 광학 도구를 만들었던 기술자들이 상상이나 했겠니? 자신들이 만든 도구가 인간 사상에 어떤 큰 영향을 줄지를 말이다. 그건 1610년 망원경으로 목성의 위성들을 관찰하고 지구가 우주의 중심이 아니었음을 보인 갈릴레오 갈릴레이도 마찬가지지. 어쨌든 허블의 관측으로 우주가 변화하고 있다는 걸 보이기에 충분했단다. 과거에는 우주가 좀 더 밀집되어 있었고, 미래에는 그 밀집도가 덜할 거란 거였지.

아주 오랜 과거에는 우주가 작았다는 말일 수도 있어요? 정말 작은 점처럼?

아니, 꼭 그런 건 아니야. 과거에도 어느 정도 컸을 수는 있어. 어쩌면 한없이 컸을 수도 있고 말이다. 그걸 상상하는 건 어렵지. 그 얘기는 조금 있다가 하기로 하자.

우주의 역사

우주의 팽창이 어떤 의미인지 설명해주셨죠? 그리고 우주는 끊임없이 변한다는 걸 주목하라고 하셨고요. 하지만 그게 저와 무슨 상관이에요? 은하들이 서로서로 멀어지는 것—게다가 그걸 육안으로도 볼 수 없는데!—이 저에게 개인적으로 영향을 미치나요?

그 질문에 대한 대답을 하기 전에 우선 이야기해두어야 할 것들이 많구나. 아리스토텔레스가 장담했던 것처럼 단 한 번도 변하지 않았던 우주, 그리고 앞으로도 변하지 않을 우주는 역사가 없는 우주일 거야. 은하들이 함께 움직인다는 발견—시간이 지날수록 조금씩 멀어진다는—은 우리 우주도 역사가 있다는 증거겠지. 그러니 이젠 우주에 대한 연구에 새로운 장을 열어볼 수 있겠구나. 바로 우주의 역사를 알아보는 거야. 역사란 게 무엇일까? 과거에 있었던 여러 가지 일을 차례로 이야기하는 것이지? 그렇다면 어느 특정한 시간에 어떤 일이 벌어졌다는 얘기거든. 예를 들어 프랑스 역사에 대혁명이 있고, 또 퀘벡 역사에는 아브라함 평원 전투가 있는 거야. 그리고 이런 일들이 그다음에 생길 일에 영향을 미치지. 과거에 대한 지식 없이는 현재를 이해할 수 없단다.

그럼 천체물리학자들이 역사학자들과 비슷하다는 건가요?

이 상황을 잘 이해하려면 천체물리학자들이 하는 일과 인간의 과거를 탐구하는 선사학자들의 일을 비교하면 되겠구나. 선사학자들은 인간의 조상들이 어떻게 살았는지를 연구한단다. 우리의 조상들은 어디 살았을까? 어떻게 양식을 구할 수 있었을까? 어떻게 추위를 견딜 수 있었을까? 이런 여러 질문의 답을 찾기 위해 연구자들은 발굴이란 걸 한단다. 오래전에 사람이 살았던 흔적이 있는 곳으로 가는 거야. 화로에서 나온 재나 부싯돌을 깎아 만든 원시 도구들을 찾아내는 거지. 이런 증거를 모으고 조금의 상상력을 더해 아주 먼 옛날 인간의 조상들이 어떻게 살았는지를 알아내는 거야. 물론 연구자들의 이론에 설득력이 있어야 하지.

아, 그러고 보니 기억나요! 작년 여름에 할아버지가 페르피낭 근처에 있는 토타벨 동굴에 우리를 데려가셨잖아요. 그곳 박물관에서 인간의 조상들이 살았던 모습을 재현해놓은 걸 봤어요. 그것도 몇 십만 년 전 사람들의 모습을요!

토타벨 시대 이후의 사람들이 어떻게 살았는지는 잘 알지. 하지만 시간을 더 거슬러 오를수록 우리에게 주어진 정보가 충분치 않단다. 사람들이 살았던 것으로 추정되는 장소를 계속해서 발견하고 있잖니. 어떤 해골들은 잘 보존되기도 했고 말이다. 하지만 아직 우리가 모르고 있는 것도 많단다.
　중요한 건 과거의 한 부분을 자세히 설명하려 할 때 바로 당시에 살았던 생물의 화석이 필요하다는 거야. 그렇지 않으면 믿을 수가 없으니 말이다. 이 점을 잘 기억해뒀으면 좋겠구나. 우주의 역사에 대해 알아볼 때도 이 점이 굉장히 중요하거든. 인간의 역사뿐만 아니라 우주의 역사를 알 때도 중요하다는 말이야.

천체학에 있어 화석은 어떤 걸까요? 하늘에 고대 유물인 순록 뿔이 있는 것도 아니잖아요!

그거야 그렇지. 물론 화살촉이나 동굴벽화 같은 건 아니야. 우주 역사의 한 부분에서 발송된 빛이 있겠지. 아니면 우주의 여러 현상을 통해 만들어진 다양한 원자들도 있을 수 있고 말이야. 이런 모든 것들이 자국을 남겨 오늘날 우리가 그 흔적을 찾아내는 거란다.

그럼 선사시대의 화석처럼 이런 유물들이 우주 역사를 증명하는 일종의 증거가 되는 거네요?

그래, 우리 손녀딸이 잘 이해했구나! 하지만 이 이야기를 계속하기 전에 아인슈타인 얘기를 먼저 하는 게 좋겠어.

아, 혀를 내밀고 있는 사진! 그 사람이 아인슈타인이죠?

그래, 바로 그 사람이야. 물리학에 있어 중요한 역할을 했지. 천체학에서도 주목할 만한 결과를 얻었다고 보면 돼. 상대성 이론(1917)을 통해서 만일 우주가 팽창한다면 그 온도가 낮아질 것이라는 걸 알게 되었거든.

대형 냉장고처럼요?

그래, 냉장고 엔진에서 일어나는 일과 같아. 가스는 압축하면 열을 내거든? 반대로 압축을 풀면 차가워지지. 우주는 거대한 가스와 같고, 그 우주를 이루는 여러 은하들은 입자와도 같다고 말할 수 있겠지. 허블의 관측 결과를 보면 이 가스가 팽창한다고 했거든. 그러니 온도가 낮아지는 게 맞겠지? 이게 두 번째 흥미로운 점이겠다, 그렇지? 첫째는 우주가 팽창한다는 것, 그리고 둘째는 우주가 점점 차가워진다는 것!

어딜 가나 다 차가워지는 거예요? 우주 전체의 온도가 낮아진다고요?

그래, 동시에 차가워지는 거야. 우주 전체가 일정하게 말이다.

이번에는 우리 이야기에 빠져서는 안 될 또 다른 인물에 대해 말해볼까 한다. 벨기에 사제였던 조르주 르메트르야. 1930년경, 조르주 르메트르는 허블의 관측 내용과 아인슈타인의 이론을 한데 모아보기로 했어(이미 그전에 러시아 천체물리학자인 프리드만이 아인슈타인의 연구를 바탕으로 우주 팽창에 대해 생각했었지). 르메트르는 그 연구를 통해 우주의 과거에 대한 시나리오를 쓸 수 있었단다. 원시 원자라 부른 아주 뜨겁고 압축된 원자로부터 시작해서 우주가 점점 차가워졌고 조금씩 약해진 거라고 봤지. 나중에 빅뱅 이론이 될 이론의 시작이라고 보면 된단다. 당시 이 시나리오는 과학계에서 그리 호평을 받지 못했어. 그 이론을 받아들일 과학자가 별로 없었지. 내가 미국에서 공부할 때만 해도 물리학과에서 이 이론에 대한 이야기는 별로 하지 않았단다. 어쩌면 조금은 불편한 내용이니까.

왜요?

폭발한다는 게 좀 맞지 않는 이야기 같았고, 또 심각하게 들리지도 않았기 때문이지. 우주에는 역사가 없다고 많은 과학자들이 생각했으니까. 그러다 러시아 출신의 천체물리학자 가모 박사에 의해 모든 게 달라졌지. 이 할아비의 교수님이셨단다. 난 참 운이 좋았지. 대단한 분이셨어. 수업 시간에 농담도 많이 하시는 재미있는 분이시기도 했고. 그 교수님은 르메트르의 이론을 두려워하지 않았단다. 우주에도 역사가 있다는 생각이 뭐 어떠냐고 하셨지. 하지만 이런 말을 늘 덧붙이셨어. 정말 맞는 말이야. "우주에도 역사가 있을 수 있다. 하지만 과학적으로 그 이론을 테스트하고 정확한 증거가 있어야 한다"고 하셨지.

결국은 우주의 화석을 찾아야 한다는 거네요!

바로 그거야! 하지만 어디서 찾지? 가모 교수님은 그걸 찾기 위해 학계에서는 누구나 알고 있는 특성을 이용하기로 한 거야. 어떤 물질이 뜨거워질수록 그 물질이 빛을 낸다는 특성이었지. 대장간에서는 말이다, 녹은 철이 어둠 속에서 빛을 낸단다. 처음에는 빨갛지. 그러다 온도를 더 높이면 노란색으로 변하고, 거기서 더 높이면 파란색으로 변해. 그렇게 무지갯빛을 따라 색이 변한단다. 더 반짝이기도 하고 말이야.

모든 물질이 다 그래요?

응, 모든 물질이 다 그래. 하다못해 딸기잼도 그런 걸? 물론 아주 오랫동안 익혀야지. 그 반대로 물건이 점점 차가워져도 색이 변한단다. 그 빛도 점점 사라지고 말이야. 조금씩 어두워진다고 보면 돼.

 가모 교수님이 그러셨지. 르메트르가 설명한 것처럼 빅뱅이 정말 있었다고 가정해보자고. 그게 정말인지 아닌지 확인해보기 위해 빅뱅 이론을 심각하게 고려해보자는 것이었지. 정말 있었다면 과거에는 우주가 더 밝았다는 뜻이 되지? 시간을 거슬러 오르면 오를수록 우주는 더 뜨겁게 빛나야 한단다. 충분히 오래전으로 거슬러 오른다면 빛의 양이

상당했던 그런 시간에 도달하게 되는 거야. 놀랍도록 빛나는 섬광 같은 것 말이야. 다시 말해 우주 전체가 하나의 빛이었다는 뜻이지.

그럼 그 섬광은 어떻게 됐나요?

안 그래도 가모 교수님이 1948년에 그런 질문을 던지셨단다. 우주가 차가워지는 동안 그 빛이 완전히 사라진 것일까? 아니면 오늘날에도 관측이 가능한 어떤 자국이 남은 걸까? 그토록 놀랍고 경이로웠던 시대의 어떤 화석 같은 것이 남아 있느냐는 말이야. 그렇다면 우리가 말했던 그 시나리오가 우주의 시작을 정확하게 설명하고 있다는 뜻이 되겠지.

할아버지 말씀에 따르면 이런 거죠? 우리가 그 빛을 찾아낸다면 빅뱅 이론을 확인하는 셈이 된다는 거요! 정말 그렇게 해서 확인하게 됐나요?

가모 교수님은 몇 가지 계산을 하셨어. 그 결과 빛의 흔적은 남아 있지만 육안으로는 볼 수 없는 모습으로 바뀌었다는 결론에 이르셨어. 대신 전파망원경으로 확인이 가능한 전파의 모습이 되었다는 거야. 그런 예언을 하고 20년이 흐른 1965년에 정말 그렇다는 걸 확인했지 뭐니. 그것도 아주 우연히. 인류 과학에 아주 중요한 순간이었어. 인간 사상의 역사에도 그렇고 말이야. 빅뱅 이론을 확인한 셈이니 낭연히 그랬지. 다시 말해 우주에도 역사가 있다는 뜻이지. 또 이 역사란 게 어떤 걸까? 우주는 고온의 압축된 빛에서 출발해 점점 차가워졌다는 거겠지?

 이 이야기를 통해 한 가지 교훈을 얻을 수 있겠구나. 사람들이 알아주지 않는 의견이나 생각이 틀린 것만은 아니라는 것 말이야.

반대로 사람들이 알아주고 유명한 생각이 틀릴 수도 있겠죠?

네 말이 맞아. 우주는 있는 그대로의 우주 그 자체란다. 우리의 의견 따위는 신경 쓰지 않아. 과학자들은 이에 대해 제대로 대처를 했어. 이젠 대부분의 천체물리학자들이 빅뱅 이론을 받아들였단다. 그 이론에 대해 진지하게 생각하며 우주의 시작까지 거슬러 올라가는 데 사용한단다.

그럼 빅뱅 이론이 진실이라고 생각하는 거군요.

단, 여기서 주의해야 할 점이 하나 있단다. 과학은 결코 "당연히 그런 거야!"라고 말하지 않아. "필시 그러할 거야"라고 말하지. 아니, 그보다 더 나은 표현이 있겠구나. 그건 바로 "아마 진실인 부분도 있을 거야"라는 거지. 아직도 어둡기만 한 부분들, 풀리지 않은 문제들, 밝혀야 할 어려운 점들이 많단다. 그렇기 때문에 오늘날 빅뱅 이론은 우주의 과거에 대한 가장 그럴듯한 이야기 정도로 여겨지는 거야.

원시우주가 남긴 '화석'이 또 있나요?

여러 가지가 있어. 예를 하나 들어볼까? 빅뱅이 남긴 재가 지금도 존재한단다. 수소와 헬륨이지.

이 원자들이 우리에게 알려주는 정보는 어떤 거죠?

우주가 태어난 지 딱 1분 되던 때로 우리를 데려가주지! 당시 온도는 몇 십억 도가 넘었단다. 지금의 태양과도 같이 핵반응이 우주 전체에 일어났단다. 그래서 수소를 헬륨으로 바꾼 거야. 빅뱅 이론에 따르면 10퍼센트의 수소만 헬륨으로 변했고 나머지 90퍼센트는 그대로라고 해. 그때의 수소와 헬륨은 별이나 성운에서 발견할 수 있단다. 그 양 또한 빅뱅 이론이 설명하는 양과 같아. 빅뱅의 잔해인 이 수소와 헬륨이야말로 빛의 화석 같은 것이 아니겠니? 관측의 결과와 빅뱅 이론이 예측했던 결과가 맞아떨어진다는 건 이 이론을 더욱더 심각하게 받아들여야 한다는 이유겠지. 물론 또 한 번 말하는 거다만, 역사를 다시 거슬러 올라간다는 것 자체가 심각하고 진지한 일이긴 해. 아직도 관측해야 할 것이 많고, 이론을 세워야 할 것이 많단다. 그리고 항상 신중하고 심사숙고해야 하지. 과학자들이 늘 조심해야 할 점이 아닐까 싶구나.

우주의 나이는요?

태양의 나이를 어떻게 아는지 알려주셨잖아요. 그럼 우주의 나이도 알 수 있는 거예요?

여러 방법으로 우주의 나이를 측정해볼 수 있어. 그 첫 번째 방법은 우주가 팽창하고 있다는 걸 알려준 허블이 측정한 값을 이용하는 거야. 컴퓨터를 써서 우주의 디지털 시뮬레이션을 만들어보는 거야. 팽창을 하는 동안 우주가 어떻게 변했는지를 알아보는 일종의 시나리오인 셈이지. 그걸 만들고 반대로 돌려서 보는 거야. 그러면 은하들은 조금씩 가까워지겠지? 그렇게 계속 돌리다가 모든 은하들이 나란히 모이는 순간에서 멈추는 거야. 그게 137억 년이란다. 그걸 우주의 나이라고 하는 거지.

두 번째 방법은 너무나 당연한 생각에서 나왔어. 다시 말해 우주는 그곳에 살았던 제일 나이가 많은 물체보다 더 나이가 들었을 것이라는 생각이지. 그렇지 않으면 말이 안 되잖아? 어디선가 실수를 한 셈이 되지. 자, 먼저 별을 보자꾸나. 웬만하면 별의 나이는 측정이 가능해. 예를 들어 오리온자리의 삼태성은 약 천만 년 동안 존재하는 별이란다. 겨울에 은하수 근처에 보이는 플레이아데스성단의 푸른 별들(망원경으로 꼭 살펴보도록!)은 약 8천만 년을 살았어. 태양은 약 45억 년 정도를 살았고. 헤라클레스자리의 구상성단은 천3백만 년을 살았단다. 이렇게 해서 대부분의 별의 나이를 측정했어. 그런데 말이다. 이제부터가 아주 중요한 이야기야. 그 어떤 별도 140억 년을 넘지 않더라는 것이다!

세 번째 방법을 볼까? 바로 우라늄이나 토륨처럼 방사성을 가진 원자를 사용하는 법이란다. 반평생이 각각 다른 원자들이 많지. 이미 앞에서 봤던 것처럼 이를 통해 태양의 나이를 알아보지 않았겠니? 이 원자 자체의 나이도 알 수 있단다! 다시 말해 별에서 이 원자들이 만들어진 이후로 얼마나 시간이 지났는지 알 수 있다는 거지. 물론 그 측정값이 정확하지는 않단다. 하지만 그전에 계산했던 값과 비슷해. 그 어떤 원자도 140억 년을 넘긴 것이 없었단다.

자, 이렇게 해서 세 가지 방법으로 각각 우주의 나이를 측정할 수 있었어. 은하와 별들의 나이는 천문대에 설치된 망원경으로 알아볼 수 있단다. 원자의 경우는 원자력 연구소에서 그 방사능을 측정해 알 수 있지. 어쨌든 비슷한 나이값이 나온단다. 이렇게 일관성이 있는 측정값은 아주 중요한 의미이기도 하지. 만일 이보다 더 나이가 든 별이나 원자가 있었다면 찾아낼 수 있지 않았겠니? 하지만 지금까지는 별 소득이 없단다…… 그러니 빅뱅 이론이 더욱더 일리가 있을 수밖에.

그런데 할아버지! 문제가 있어요. 한번 설명해볼게요. 제가 태어났을 때, 그러니까 지금으로부터 14년 전에 말이죠. 저는 이미 존재하고 있던 세상에 태어난 것이었잖아요? 이미 엄마와 아빠가 있었고…… 그리고 태양이 태어났을 때는 이미 다른 별들이 있었다고 하셨고요. 그럼 빅뱅 전에는 뭐가 있었죠?

너의 질문에 대답하기 위해서는 역사에 쓰이는 화석에 대해 다시 이야기를 해야 할 것 같구나. 우리가 예상하는 것을 뒷받침해줄 화석이 있어야만 역사의 한 시대에 대해 정확히 설명할 수 있단다. 만일 화석 같은 증거가 없다면 아무 말도 할 수가 없다는 뜻이지. 이건 어떤 분야나 마찬가지야.

우리가 '우주의 나이'라고 부르는 것은 그 숫자 전에 있었던 것으로 추정되는 어떤 화석도 발견하지 못했다는 뜻이란다. 많은 학자들이 빅뱅 전의 시나리오를 소개하긴 했지. 하지만 어떤 확증도 할 수 없었단다. 그전에 이랬다 저랬다 하고 예상하는 건 증거 없는 사변일 뿐이지. 물론 나중에 우리가 지금 알고 있는 것보다 더 먼 과거로 거슬러 올라갈 수도 있어. 새로운 발견을 했을 때 가능하지. 그건 두고 보자꾸나.

140억 년 전에 아무 일도 없었다는 건 아니란다. 그전에 있었던 일에 대해 우리가 아는 것이 없을 뿐이지. 그 차이점은 아주 중요해. 빅뱅은 바로 우리가 과거에 대해 알고 있는 지식에 지평선을 그었다고 할 수 있지. 이 할아비는 이 표현이 좋단다. 인간이 할 수 있는 관측이나 연구, 혹은 물리적

이론의 한계를 짓는 것이 빅뱅이라는 말이야.

또 질문이 있어요, 할아버지. 우리가 빅뱅을 말할 때는 아주 격렬하고 대대적인 폭발이 일어난 거라고 생각하잖아요. 그럼 그 폭발은 어디서 이루어져요? 바로 그 폭발이 일어난 곳이 우주의 중심 아닌가요? 하지만 할아버지는 우주에 중심이 없다고 했잖아요. 전 도저히 모르겠어요.

다시 한 번 말하지만 어떤 것에 비교를 할 때는 신중에 또 신중을 기해야 한단다. 폭발의 이미지는 우리가 생각하는 것 그대로를 받아들이기보다는 조금 더 숙고해야 할 문제가 아닌가 싶구나. 폭발은 두 개의 다른 공간이 있어야 가능하단다. 폭발성의 물질로 가득 찬 공간, 예를 들면 다이너마이트 같은 것 말이다. 바로 이 첫 번째 공간에서 폭발이 일어난단다. 첫 번째 공간 주위로 두 번째 공간이 위치해. 여긴 빈 공간이야. 폭발에 의해 튀어나온 물질들이 퍼지는 곳이지. 내가 지금 말한 것은 우리가 알고 있는, 즉 지구와 같은 환경에서 일어나는 폭발이란다. 이런 폭발이 우주에도 적용

되지는 않아. 우주는 단 하나의 공간밖에 없거든! 오늘날의 우주는 서로가 조금씩 멀어져가는 은하로 이루어져 있어. 하지만 처음에는 펄펄 끓는 마그마의 팽창 상태였단다. 여기저기 똑같이 말이야.

그럼 우리가 생각하는 폭발의 이미지는 적용될 수 없는 거네요?

폭발이 어느 한 시작점에서 이루어지는 것이 아니라 거대한 우주의 각 지점에서 동시에 일어난다는 가정하에 적용이 가능하지.

상상이 잘 안 돼요. 어떻게 그런 상상을 할 수 있겠어요?

우리에게 익숙해진 범위를 넘어선 것을 상상할 때는 늘 이런 어려움에 부딪치기 마련이야. 하지만 곧 익숙해진단다. 그러니 특별한 현상을 설명할 때는 고정적인 시각이 만들어낸 이미지를 가져다 붙일 수 없지. 그런 걸 조심해야 한단다.

우주에는 우리밖에 없는 건가요?

별이 가득한 하늘을 보렴. 저기 반짝이는 게 보이니? 바로 비행기란다. 그럼 우리 비행기 안을 상상해볼까? 식사를 할 시간이구나. 스튜어디스가 비행기 복도로 식사를 담은 수레를 밀고 있어. 스튜어디스는 각 승객들에게 식사 쟁반을 나눠주고, 승객들은 또 음식 포장을 풀고 있어. 이게 다 저 하늘에 빛나는 점을 눈으로 따라가면서 상상할 수 있는 것 아니겠니? 비행기가 아무리 멀리 있다고는 하지만 말이야. 우리 위의 하늘을 볼 때, 아마 큰곰자리를 지나 베레니케의 머리털자리로 들어가고 있을 거야. 또 한 번 상상 놀이를 해보자. 이번에는 비행기가 아니라 하늘에 뜬 별을 가지고 해볼까? 예를 들어 북쪽 하늘에 늘 그 자리를 지키고 있는 북극성이 있겠네. 여기서 보면 비행기처럼 작은 점에 불과해. 반

짝반짝 빛나는 작은 점. 그 안에서 무슨 일이 벌어지는지 우리는 모르지. 이젠 너의 온갖 상상력을 다 동원할 때야. 우리 태양과도 같이 북극성 역시 위성이 있다고 상상할 수 있겠지? 자, 좀 더 가까이 앉아보자. 그리고 또 하나의 장소를 생각해보자꾸나. 할아버지와 손녀가 앉아 있는 자리지. 할아버지는 손녀에게 하늘에 있는 별 하나를 보여주고 있어. 아주 멀리서 보면 점 하나로밖에 보이지 않겠지? 할아버지가 손녀에게 이렇게 말해. "자, 저 별 옆에는 지구라고 불리는 별이 있단다. 그리고 그 지구에서 한 할아버지가 손녀에게 하늘을 보여주고 있구나"라고 말이야.

북극성을 보면서 그런 상상을 하는 게 좋아요. 일종의 놀이 같거든요. 그런데 할아버지, 정말 이런 일이 벌어질 수 있다고 생각하세요?

그래, 그게 문제지. 저 하늘에 사람들이 있을까? 우리와는 조금 다르겠지만, 어쨌든 우리처럼 별을 감상하는 그런 존재들 말이다. 아니면 이 우주에서 생물체가 살 수 있는 유일한 곳이 지구일까?

할아버지 생각은 어떤가요?

나도 잘 모르겠구나. 우리 인간들이 아주 오래전부터 해오던 질문이야. 하지만 지구 외에 다른 별에 생명체가 살고 있다는 증거는 아직 없단다. 물론 여기서 조심해야 할 것이 있어. 아직 그런 증거를 못 찾았다고 해서 그런 별이 없다는 말은 아니라는 점! 그저 모른다고 솔직히 말하는 거지. 이런 말도 있잖니? 증거가 없다고 해서 정말 없는 것을 증거하는 것은 아니다! 단순히 아직은 모른다는 뜻이야. 몇 십억 개가 넘는 저 별들 중에 생물체가 살고 있는 별이 있을 수도 있어. 또 지구 외에는 생물체가 살고 있는 별이 없을 수도 있고.

그걸 어떻게 알 수 있을까요?

우선 우리가 말하는 그 생물체가 어떤 생물체냐를 생각해야지. 예를 들어 개미들은 우리처럼 이렇게 의자에 앉아서 우리가 이 우주에 유일한 존재일까, 라는 질문은 하지 않잖아?

하지만 개미들도 살아 있는 생물이잖아요!

생명이란 무슨 뜻일까? 이 지구에서만 해도 여러 모습으로 그 생명들이 존재한단다. 박테리아부터 시작해 거대한 나무, 고양이, 캥거루 등등 정말 다양하지. 이 모든 존재들의 공통점이 뭐겠니? 태어나고 살고 죽는다는 거지? 양식을 먹고, 새끼를 낳고, 또 다른 일을 하고!

우선 오늘 밤에는 한 가지 특별한 예를 들어보기로 하자꾸나. 바로 우리 인간들처럼 텔레비전을 가지고 있고, 또 저녁이면 뉴스를 보는 그런 생명체가 또 있는지.

지구에서 전파를 보내기 시작한 게 한 세기가 채 되지 않아. 안테나를 통해 광속으로 전파를 보내는 거지. 우주로 말이야. 한 세기 동안 이 전파는 광속 1세기에 달하는 거리로 퍼져나갔어. 천 조에 달하는 킬로미터 정도지. 우리가 보낸 전파가 닿은 엄청난 크기의 우주에 수많은 별들이 있는 거야. 게다가 그 별 중에는 위성을 가진 별이 많단다. 그러니 이런 위성의 안테나를 통해 우리가 보는 텔레비전 프로그램이 잡힐 거야.

와, 텔레비전 앞에 앉아서 시청하는 모습이 상상돼요!

생각해보렴. 광속 30년 거리에 위치한 별에 사는 거주자들이 지금으로부터 30년 전에 방송되었던 프로그램을 보기 위해 기다리고 있다고 말이야……

그런데 만일 그 거주자들이 우리가 보는 프로그램을 볼 수 있다면 우리도 그들이 보는 프로그램을 들을 수 있지 않아요?

이미 지구에서는 50년 전부터 전파천문학자들이 우주의 전파에 귀를 기울이고 있지. 아주 강력한 전파망원경, 특히 푸에르토리코의 대형 망원경(직경 백 미터가 넘는 기구) 같은 기기로 외계 문화에서 보내지는 메시지를 잡으려고 하는 거지.

그들의 언어를 이해할 수 있을까요?

물론 아니지. 하지만 소리의 구조를 알아내는 게 그리 어렵지만은 않아. 언어와 잡음은 구별할 수 있잖니. 예를 들면 주파수가 잘 맞지 않은 라디오에서 나는 치직거리는 소리 말이야.

우주에서 보내오는 메시지를 받은 적이 있나요?

1967년이었나. 아주 흥분할 만한 일이 있었지. 하늘에서부터 '삐- 삐- 삐' 하고 일정한 간격으로 보내오는 소리가 들린 거야. 그냥 잡음이라고 하기에는 너무 정확한 간격이었어.

그게 뭐였는데요?

그다음 메시지를 듣기 위해 안테나 가까이로 갔지. 하지만 다른 메시지는 없었단다. 계속해서 삐- 삐- 삐 하는 소리만 들렸어.

누군가 딸꾹질 같은 걸 한 게 아닐까요?

그건 빠르게 자전하는 어느 별에서 나온 전파였어. 그 별의 옅은 빛다발이 지구를 비추곤 했거든. 바닷가의 등대처럼 말이야. 물론 신비롭고 특별한 발견이긴 했지만 어떤 지식을 갖고 있는 생물체에 관한 연구 프로그램에는 속하지 못했단다. 이건 그저 펄서 혹은 맥동전파원이라 불리는 별일 뿐이야. 하늘에 아주 많지. 큰 실망이 아닐 수 없었단다!

그것 말고 다른 발견은 없었나요?

아쉽게도 없었어. 그 이후로 지금까지 주목할 만한 것이 없구나. 어딘가 다른 생명체가 존재한다는 증거가 될 메시지는 없어.

혹시 우리와는 다른 전파를 쓰는 건 아닐까요? 아직 우리가 모르는 기술적 발전이 있는 거죠. 누가 알아요?

그래, 다른 가능성을 찾아보지 않은 건 아니야. 하지만 별 소득은 없었어. 전파를 듣는 프로그램이 많았는데 다 포기했지. 이렇다 할 결과가 없었기 때문이야. 하지만 아마추어들이 계속해서 이 연구를 하고 있단다. 우주라는 거대한 짚단에서 아주 작은 바늘을 찾아내겠다고 나선 인터넷 사용자들의 컴퓨터로 자료를 분석하고 있어.

생명체가 사는 아주 먼 별이 있다는 걸 알 수 있을까요? 물론 그 생명체들이 전파를 쏘지는 않지만요.

이 연구에 있어 아주 중요한 일이 최근에 있었단다. 태양이 아닌 다른 별 주위로도 태양계와 같은 시스템이 존재한다는 발견이었지. 태양계 외의 별들이라고 한단다. 현재 백 개가 넘는 별들을 발견했어. 예전에는 그런 별이 있을 거라고 예상만 했지만 지금은 확실한 증거가 있는 거야.

그런 별 중에 지구와 비슷한 별도 있나요?

현재는 일단 목성과 토성 정도의 크기를 가진 거대한 별들을 발견했지. 우리 지구처럼 작은 별보다는 이렇게 큰 별들을 확인하기 쉽기 때문이야.

그렇게 거대한 별에 생명체가 살 수도 있지 않아요?

그렇진 않을게다. 어쨌든 지구에 사는 생물체와는 전혀 다를 거야. 하지만 생명에 대해 우리가 가지고 있는 생각이 너무 협소한 것일 수도 있어. 그럴 가능성은 다분하단다. 아직 우리가 모르는 새로운 형태의 생명이 어딘가 살고 있을 수도! 3세기 전 유럽인들이 호주에 처음으로 발을 디뎠을 때 여태껏 그들이 알아오던 것과는 다른 형태의 동물이며 식물을 발견하지 않았겠니. 캥거루, 오리너구리뿐만 아니라 다른 신기한 동물들을 말이야. 그러니 무엇이든 받아들일 수 있는 열린 사고와 마음을 갖는 건 중요하단다.

생물체가 사는 또 다른 별이 있다는 건 어떻게 알아요? 그 생명체들이 우리에게 전파를 보내는 것도 아닌데 말이에요!

그걸 알아볼 수 있는 일종의 단서들이 있을 수 있어. 바로 우리 태양계를 관측하고 연구한 결과로부터 나오지. 이를테면 우리 태양계에서 대기 중에 산소를 포함하고 있는 별이 지구밖에 없다는 거야.

왜 하필 지구예요? 다른 별도 많은데……

왜냐하면 우리 지구에 생명체가 살기 때문이지. 지금으로부터 40억 년 전에 생명체가 나타났어. 당시 대기는 탄소 가스로 구성되어 있었단다. 30억 년이 넘는 세월 동안 생명체가 살긴 했으나 아주 미소한 세포의 형태로 존재했단다. 이를테면 바닷속의 이끼 같은! 그리고 호흡을 통해 이런 생명체들이 지구의 공기를 바꾼 것이지. 이 현상을 통해 산소가 나타나게 된 것이야. 지구에 생명체가 사라진다면 공기는 다시 탄소 가스로 바뀌고 말걸? 화성이나 금성처럼!

우리 태양계 외의 별에서 산소를 찾는다면 그곳에는 생명체가 산다고 생각해도 되는 거네요, 그럼?

확실하지는 않지만 가능성은 있지. 생명체를 찾는 좋은 단서가 되지 않겠니?

왜 확실하지 않다고 말씀하시는 거예요, 할아버지?

과학은 늘 신중하고 또 신중해야 한단다. 산소가 존재하는 다른 이유가 있을 수도 있으니 말이다. 뭐 어쨌든, 산소가 있는 또 다른 별이 나타난다면 그것이야말로 대단한 발견이 되겠지! 지구 외의 다른 별에도 생명이 살고 있다는 걸 믿어볼 만한 좋은 증거니 말이야.

보다시피 각 단계의 요소들은
그 전 단계의 요소의 조합이라고 할 수 있어.
또 그렇게 모인 요소들은 그 다음 단계의 기본이 되지.
그렇게 하나씩 하나씩 단계를 거칠 때마다
새로운 것이 나타나는 방법이야.

자연은 문자의 구조와도 같다

할아버지, 정말 재미있는 이야기들을 많이 들려주셔서 감사해요! 그런데 이런 지식들은 다 어떻게 알게 된 거죠? 이게 모두 진실인지 아닌지는 어떻게 알 수 있어요?

과학자들이 하는 말이 진짜인지 아닌지를 알고 싶은 게야? 그렇다면 과학이 어떻게 태어났는지 어떻게 이루어지는지를 설명해야겠구나.

　아주 오래전부터 사람들은 특이한 자연현상을 관찰하고 그에 대해 이런저런 질문들을 해왔단다. 예를 들어볼까? 천둥이 치는 이유는 뭘까 생각해보기로 하자꾸나. 어떤 사람들은 화가 단단히 난 신들의 울부짖음이라고 했지. 그래서 천둥이 치면 얼른 무릎을 꿇고 용서를 빌어야 한다고 말이야.

또 다른 예를 볼까? 왜 일식이 일어나면 태양이 가려질까? 정말 용이 나와서 태양을 삼킨 걸까? 태양을 다시 찾아오기 위해 제물을 바쳐야 하는 걸까? 또 원천수가 신선한 이유는 숲 속의 요정들이 물을 신선하게 보존해주기 때문일까?

 하지만 특별한 자연현상에 대한 이런 답변들은 모든 사람을 충족시키지 못했단다. 그래서 3천 년 전에 고대 그리스에서 몇몇 사람들이 정말 그럴듯한 대답을 찾기 위해 연구를 시작했어. 그들은 여러 자연현상을 설명하는 데 있어 상상의 인물들을 연관시키지 않겠다고 다짐을 했지. 대신 자연현상 그 안에서 여러 질문에 대한 해답을 찾겠다고 말이야. 그래서 아주 흥미로운 답변들을 찾아냈어. 일식은 태양 앞을 지나는 달 때문에 생긴 것이고, 또 천둥은 신들이 버럭 내지른 소리가 아니라 구름 사이에서 일어나는 자연현상이라고 말이지. 더 나아가 그 후에는 방전될 때 나는 소리에 대해 설명할 수 있었지. 봤지? 그 어떤 것에도 초자연적인 힘이 개입된 것은 아니었어.

꼭 이런 대답들이 더 낫다고 할 수 있을까요? 전에 말한 것보다 더 설득력이 있다고 생각하는 이유는요?

설득력이 있는 증거가 있을 때 더 낫다고 말할 수 있는 거겠지. 왜냐하면 늘 의심을 할 수 있으니까! 왜 이것이 저것보다 낫냐고 물었지? 자연에 대한 질문의 대답을 자연 그 자체에서 찾는 것을 과학적 방법이라고 한단다. 이 방법은 아주 효과적이었어. 이를 통해 물리학, 화학, 생물학, 지질학, 천체물리학이 빛을 본 것이기도 해. 오늘날에는 여러 나라의 수십만 명이 넘는 사람들이 과학이라는 분야에 몸을 담고 있단다. 그들의 노력과 수고 덕분에 매일매일 자연의 경이로운 모습을 발견하게 되는 것이고. 이 방법을 창안한 사람들은 우리가 존경하고 그들의 이름을 널리 알릴 만해. 예를 들면 아낙시만드로스, 아낙사고라스, 탈레스 같은 사람들이 있지. 이 학자들은 밀레투스라고 불리는 그리스의 작은 도시에 살았어. 지금은 에게 해 근처 터키가 되었고. 어쨌든 이 학자들에게 큰 도움을 받은 건 변함이 없단다.

 만일 이들 중 한 사람이 과거로부터 다시 나타났다고 상상해보자. 그들이 만들어낸 이 연구 방법이 어떤 결과를 낳

았는지 또 어떤 성공을 거뒀는지 물어보는 거야. "당시 우리는 몰랐으나 지금 여러분이 아는 것이 무엇입니까?"라고 묻는다면 그 사람을 이끌고 과학도서관에 가고 싶지 않겠니? 수백만 권이 넘는 책이며 전문 잡지들이 책장마다 가득히 꽂힌 그런 도서관 말이야. 그리고 그 글들을 다 읽을 수 있는 곳! 하지만 너무 많은 노력이 필요한 일이지. 그러니 도서관에 데려가는 것보다는 새로 얻게 된 지식에 대해 몇 마디로 간략히 요약해주는 편을 택하자꾸나.

할아버지라면 뭐라고 대답하시겠어요?

두 문장으로 요약할 생각이다. 우선 첫 번째는 바로 이거야. "자연은 문자와도 같은 구조다!"

무슨 말이에요? 설명해주세요……

잘 들어보렴. 종이에 'R'이라고 썼다고 생각해보자꾸나. 그리고 너에게 묻는 거지. "이게 뭘까?"라고 말이야.

그거야 물론 R이죠!

맞아! 그럼 이번에는 'O'를 더 써보자. 다음에는 'U', 그리고 'G'.

왜 이걸 시키는 건데요, 할아버지? 무슨 말인지 도저히 모르겠어요. 뭘 원하시는 거죠?

잠깐만 기다려봐! 자, 마지막으로 'E'를 써보렴.

아! 이제야 알겠네요. 불어로 빨간색을 뜻하는 단어 루주, ROUGE.

그래, 맞아. 네 머릿속에 어떤 이미지가 떠오르게 하기 위해서는 이 글자들을 차례로 쓰도록 해야 했지. 조금씩 의미가 떠오르도록 말이다. 차례로 글자를 썼기 때문에 단어의 뜻이 떠오른 거야. 문자는 네가 학교에서 배웠듯이 일정한 차례에 따라 나열한 글자의 집합이란다. 조합을 함으로써 뜻이 나타나는 거야. 그리고 단어의 뜻을 알려주기 위해 사전이 만들어졌지. 불어뿐만 아니라 지구의 여러 언어들이 그렇단다. 이번에는 단어를 이용해 똑같은 놀이를 해보자. 이렇게 쓴다고 생각해보는 거야. "장미꽃이 빨갛다"라고 말이야. 그럼 어떻게 될까?

문장이 생겼어요!

그래, 스스로 뜻을 가지고 있는 문장 하나가 완성되었어. 이 문장을 통해 장미의 색깔이 무슨 색인지 알 수 있겠지? 이번에는 문장으로 같은 놀이를 해보자. 그러면 문단이 되겠지? 그리고 여러 문단을 합치면 하나의 챕터, 즉 장이 탄생하는 것이고, 여러 장을 합치면 책이 완성돼. 그리고 이 책들이 모여 도서관을 가득 채우게 된단다. 이 세상에 있는 모든 도서관이 우리가 알고 있는 지식을 모아놓았다고 보면 되겠지?

아, 학교에서 들은 것 같아요. 하지만 과거에서 다시 돌아온 그 학자에게 전할 메시지가 도대체 뭔가요?

곧 알게 될 거다. 방금 전에 알파벳의 여러 단계에 대해서 알아봤어. 제일 아래는 글자가 있었지? 그다음에는 단어, 문장, 문단, 장, 책, 그리고 도서관이 있었어. 보다시피 각 단계의 요소들은 그 전 단계의 요소의 조합이라고 할 수 있어. 또 그렇게 모인 요소들은 그다음 단계의 기본이 되지. 그렇게 하나씩 하나씩 단계를 거칠 때마다 새로운 것이 나타나는 방법이야.

이런 방법이 있다는 걸 누가 발견했죠?

이런 접근 방법이 존재한 지는 벌써 5천 년이 넘었단다. 우선 중동 지방에서 시작되었어. 지금은 이라크와 이란이 있는 자리야. 처음에는 계산을 하는 데 도움이 되었지. 종교나 법 지도자들도 많이 썼고. 그다음으로는 이집트와 그리스, 로마제국으로 넘어갔어. 그리고 유럽과 아메리카에서 받아들였지. 그러는 동시에 조금씩 동아시아까지 전해진 것이란다. 현재는 전 세계에 이 방법이 알려졌어. 아이들은 학교에서 이 방법을 배우고 자기들끼리 소통하는 데도 쓴단다. 책장이나 신문, 혹은 인터넷으로 말이야.

아, 알겠어요. 하지만 아직도 할아버지가 맨 처음에 하신 말씀을 이해하지 못하겠어요. 자연은 문자의 구조와 같다는 그 말이요.

이제부터 그걸 설명하려고 한단다.

자연의 단계

그럼 할아버지, 자연이 문자와도 같은 구조라는 걸 설명해 주실 건가요?

응, 예를 하나 들어보도록 하자.

 우리와 가깝고도 소중한 물질이 있지. 바로 수돗물이야. 하나의 산소와 두 개의 수소로 이루어진 분자란다. 물은 그걸 만드는 데 필요했던 산소나 수소에게는 없었던 특징을 가지고 있어. 자, 보자꾸나. 산소는 우리가 호흡을 하면서 들이마셔. 수소는 또 어떠니? 풍선을 불 때 필요하지? 하지만 물은 다르단다. 물은 우리가 마시는 것이잖니. 물은 글자와도 같은 원자들이 만든 일종의 조합 단어라고 보면 되겠구나. 봐라, 문자와 비슷한 아주 좋은 예잖니? 아주 단순한 요소들이 모여 새로운 물질을 만들어내고, 또 이 물질들은 전에 없었던 새로운 특징을 갖게 되니까.

다른 예를 하나 더 들어볼까? 질소가 있겠구나. 질소는 우리 대기를 이루는 구성 성분으로 액체 상태의 질소는 냉장이나 냉동에 쓰인단다. 자, 이제 질소와 수소 세 개를 조합해보자. 그럼 암모니아를 만들 수 있어. 냄새를 맡기에 좀 거북할지 몰라도 병실을 소독하는 데 아주 유용하게 쓰인단다.

또 다른 예를 볼까? 이번에는 탄소 두 개와 수소 여섯 개, 그리고 산소를 조합해보자. 그러면 마시는 알코올이 되는 거야. 포도주, 맥주, 위스키, 보드카 같은 술 말이야. 노아의 방주로 유명한 족장 노아는 알코올의 새로운 특징 중 하나를 경험했어. 그것이 바로 취한다는 것이었단다(창세기 9:20-21)!

이제 마지막 예를 보여줄게. 요리에 쓰이는 소금도 두 개의 원자로 만들어진 것이란다. 염소와 소듐이지. 염소는 락스에 들어가는 부식성의 물질이야. 소듐은 일종의 금속이고. 그러나 이 둘을 합치면 음식의 맛을 살리는 소금이 된단다(염소, 소듐 분자). 지금까지 말한 건 18세기와 19세기의 화학자들이 발견한 거야. 라부아지에, 프리스틀리, 그리고 돌

턴 같은 학자들이지.

 그럼 이젠 알파벳 글자 사다리와 비슷한 자연 사다리를 만들어볼까?

원자들이 사다리의 아래쪽을 담당하겠죠. 알파벳 글자들처럼요! 분자는 단어와 같고요!

그래, 눈치가 제법 빠른걸? 고대 그리스의 철학자들 덕분에 이런 아이디어를 내게 된 것이란다. 그중에서도 데모크리토스와 루크레티우스. 이 철학자들은 원자를 깨지지 않는 구슬이라고 생각했어. 불어로 원자라는 단어 'atome'도 '깨지지 않는'이라는 그리스어에서 비롯된 것이란다. 이 원자들은 여러 조합을 통해 자연을 이루는 물질이 된다고 생각했지. 그리고 19세기 초에 물리학자들이 입자가속기를 만들었단다. 일종의 메스 같은 것으로 이 입자가속기 덕분에 원자를 자세히 연구할 수 있었어. 그 결과 원자라는 건 깨지지 않는 것이 아니고 내부 구조를 가지고 있는 아주 복잡한 물질이라는 걸 알게 되었단다. 그 중심에는 양자와 중성자로 구성된 핵이 있어. 이 핵 주위는 또 전자들이 궤도를 돌며 자리하고 있단다. 이건 어니스트 러더퍼드라는 과학자가 발견했어.

할아버지 말을 들으니까 태양을 중심으로 여러 별들이 돌고 있는 우리 태양계가 생각났어요!

그래, 비슷하긴 하지. 하지만 다른 점도 있단다. 기억하지? 무언가와 비교할 때는 늘 신중해야 한다는 할아비의 말 말이다. 이 원자들은 대자연을 두고 볼 때는 알파벳 역할을 할 수 있기도 하지. 원자의 핵은 단어가 되는 거야. 양자와 중성자라는 글자가 모여 만든 단어! 일곱 개의 양자를 갖고 있는 원자핵은 질소의 핵이 된단다. 양자가 여덟 개면 산소, 스물여섯 개면 철이 되지. 여든두 개가 있으면 뭐가 되는지 아니? 바로 납이란다. 양자의 숫자에 따라 이 자연 속의 원자 모습이 달라져. 그 조합이 백 개가 넘어. 그중 가장 가벼운 원자인 수소는 단 하나의 양자만을 가지고 있지. 두 번째로 가벼운 건 헬륨이란다. 두 개의 양자를 포함하고 있어.

이 원자들이 제일 오래된 원자이기도 해. 거의 빅뱅 시절 우주를 만드는 데 쓰인 최초의 원자들이니까. 어떻게 보면 우주의 첫 순간에 나온 화염 덩어리의 잔해이기도 하지. 그 외의 다른 원자들, 그러니까 탄소, 산소, 철, 금을 지나 가장 무거운 우라늄 등이 별을 만드는 데 쓰인단다. 이 중 제일 무거운 우라늄은 아흔두 개의 양자를 지니고 있어.

하지만 할아버지, 양자 그 자체는 깨질 수 없지 않나요?

네가 그런 질문을 할 줄 알았다! 이젠 학창 시절의 추억을 더듬어 우리 손녀딸에게 설명을 해줘야겠네. 천체물리학 시간에 가모 교수님이 그러셨어. 양자, 즉 프로톤은 그리스어 '프로토스'에서 온 것인데, 이건 바로 '처음'이라는 뜻이라는 거야. 그리고 교수님이 덧붙이셨어. "이제 우리는 그리스 철학자들이 고민했던 단계의 맨 밑에 다다랐습니다. 원자는 깰 수 있지만 양자는 그렇지 못하죠. 바로 처음, 최초의 것들이기 때문이에요. 양자는 내부 구조를 갖고 있지 않거든요"라고 말이야. 우리 학생들의 질문에는 이렇게 대답하셨어. "그래, 학생들이 못 미더워 하는 눈치네요. 나도 학생들의 마음을 이해해요. 깨지지 않는다던 원자를 깼으니 의심할 만도 하지요. 하지만 이번에는 진짜예요. 내 재산의 반을 걸 수도 있으니까! 결코 양자를 부술 수는 없을 겁니다!" 워낙 저명하신 우주학 전문가시니 그런가 보다 했지. 그냥 교수님의 내기를 받아들일걸 그랬어. 안 그래도 그 교수님은 집안이 아주 부유했거든……

어쨌든 그로부터 몇 년 후, 참으로 특이하고 영리한 연구 덕분에 양자뿐만 아니라 중성자까지도 우리가 생각했던 것처럼 그리 간단한 입자는 아니라는 결과가 나왔어. 사다리 맨 밑인 줄 알았는데 그보다 더 아래, 즉 쿼크가 있다는 걸 1970년에 머레이 겔만이라는 학자가 발견한 것이지.

자연에는 여섯 종류의 쿼크가 있어. 물리학자들은 이 쿼크에 이름을 지어줬어. 그냥 상상했던 단어들에서 한 자씩을 따서 말이야. 재미있자고 그런 거였지. 'Up'에서 온 'U', 'Down'에서 온 'D', 'Strange'에서 온 'S', 'Charmed'에서 온 'C', 'Top' 혹은 'Truth'의 'T', 그리고 마지막으로 'Bottom'에서 온 'B'!

양자는 두 개의 U쿼크와 한 개의 D쿼크로 이루어졌단다. 중성자는 U쿼크 하나와 D쿼크 둘이 모여 만들어졌어. 쿼크는 둘씩 혹은 셋씩 조합이 이루어진단다(두 자로 만들어진 단어 혹은 세 자로 만들어진 단어처럼). 쿼크의 다양한 조합을 통해 여러 가지 입자가 만들어지지 않았겠니? 그리고 이 입자들의 존재는 입자가속기를 통해 확인할 수 있었단다. 이렇게 만들어진 대부분의 입자는 안정적이지 않았어. 10억 분의 1초라는 시간에 해체되고 사라지기까지 한단다. 중성자역시 안정적이지 않아. 원자핵에 들어가지 않은 중성자는 20분 만에 사라지지. 반대로 양자는 안정적이야.

제가 이 질문을 하는 이유를 할아버지도 이해하실 거예요. 쿼크는요? 쿼크는 깨질 수 없나요?

깨지지 않을 거라 생각했던 원자며, 최초의 것이라 생각했던 양자가 결국은 그렇지 않다는 걸 알았지? 그 이후로는 우리가 과연 가장 아래 단계에 온 것인지 아닌지 확신할 수 없게 되었단다. 알파벳 글자와 비교할 수 있는, 그래서 우리가 '가장 기본적인 입자'라고 부를 수 있는 단계에 왔는지 안 왔는지를 말이야. 그 문제를 해결하기 위해서는 더욱더 강력한 메스가 필요할 거야. 얼마 전 제네바에 거대강입자가속기가 설치되었단다. 지하 100미터의 깊이에 장장 27미터나 되는 원통입자가속기를 설치한 거야. 이유는? 쿼크라는 입자에 대해 더 자세히, 더 많은 걸 알아보기 위해서지. 쿼크의 성질에 대해 또 다른 발견을 할 수 있지 않겠니? 아직은 적합한 관찰을 통해 발견된 증거가 없어 그 어떤 것도 확신할 수는 없지만 말이다.

할아버지, 전자에 대해서는 말씀하지 않으셨어요!

쿼크와 비슷한 상황이라고 보면 돼. 아직 우리가 알고 있는 것이 많지 않단다. 하지만 발전 단계를 완성하기 위해 쿼크와 전자가 가장 기본적인 입자라고 임시적으로 생각하자. 사다리 가장 아래 부분에 위치하는 입자들이라고 말이야. 그럼 이제 요약을 해보자. 벌써 세 개의 단계를 알아보았어. 맨 처음이 쿼크, 그러니까 글자들이지. 그다음이 양자와 중성자, 원자핵의 단어가 되는 거지. 그리고 세 번째 단계가 원자야. 핵과 전자로 이루어진 이 원자들은 분자의 문장을 만든다고 보면 되겠네.

그보다 더 위 단계에는 뭐가 있나요? 생명체? 분자로 이루어진 살아 있는 존재들이 있겠죠?

네 말이 맞아. 이번에는 또 다른 단계로 넘어가보자꾸나. 세포 자체가 기본이 되는 그런 단계로 말이다. 이 미세한 구성체는 서로 조합을 하여 식물도 되고 동물도 된단다. 우리 몸도 세포로 이루어졌지. 각 세포들이 전체를 위해 자신의 모든 능력을 바치는 일종의 연합 단체라고 보면 된단다. 슈반이라고 독일 화학자가 발견한 내용이야. 그는 1860년에 "세포는 식물계와 동물계의 기본이 되는 단위이다"라는 글을 썼단다. 어떤 세포는 조직체에 에너지를 제공하기 위해 태양의 빛을 받아들이기도 한단다. 또 어떤 세포는 음식물을 소화하기도 하고 말이야. 또 다른 세포는 아이를 만드는 데 쓰이기도 해. 네 몸은 여느 동식물과도 같이 세포로 이루어졌어. 피의 적혈구는 네가 마시는 공기 중의 산소를 뇌로 가져가서 이렇게 말을 할 수 있도록 돕는단다. 네 눈 속의 세포들은 빛을 받아들여 네 뇌 속에서 이미지를 만들어내는 거야. 이 무수한 세포들의 조합 활동 덕분에 네가 살아 있는 것이지!

할아버지, 그럼 지금까지 말한 것보다 더 위에 있는 단계도 있어요? 이를테면 살아 있는 생명체들이 조합을 이뤄 만드는 그런 단계?

벌집을 예로 들어보자꾸나. 벌집 속의 벌들은 각자 맡은 임무가 있단다. 꽃가루를 채취하러 가는 벌이 있는가 하면 벌집에 몰래 들어온 다른 생물들을 쫓아내는 벌도 있지. 또 어떤 벌들은 온도를 조절하는 일을 하기도 해. 여기서는 각 벌들이 기본 요소가 되는 거겠지? 그런 벌들이 각자 맡은 일을 다하면 벌집이 조화로운 기능을 할 수 있단다.

개미집처럼요?

맞아, 또 음악가들이 서로 다른 악기를 가지고 모차르트의 교향곡을 연주하는 오케스트라와도 비교할 수 있겠지? 바이올린, 비올라, 첼로, 플루트, 오보에, 클라리넷, 바순 등이 모여서 말이야. 이런 콘서트에서 너의 마음을 즐겁게 하는 음악은 지휘자의 지휘봉 아래 연주를 해내는 음악가 집단에서 나오는 새로운 특징이란다.

다른 예를 들어보자. 달의 탐험을 볼까? 로켓이며 탐사기를 준비하고 우주인들을 훈련시키기 위해 몇 십만의 사람들이 노력을 쏟잖니. 이 모두가 한 가지의 목표를 가지고 일하지. 바로 우리의 위성인 달에 가기 위해서야. 하지만 그들 중 단 한 사람도 혼자서는 모든 일을 해낼 수가 없어. 다양한 요소가 모인 데서 나오는 새로운 특징을 보여주는 예라고 보면 되겠구나.

또 한 번 네 몸을 예로 들어 상황을 정리해보도록 할게. 샤워를 하고, 수영장에 뛰어들고, 네 손으로 만질 수 있는 네 몸 말이다. 마지막으로 이루어진 분석의 결과를 보면 네 몸 역시 쿼크와 전자로 이루어져 있단다. 그 양은 대단하지. 0이 자그마치 29개가 붙는 양이란다(100000000000000000

000000000000!). 물론 사람들의 몸무게에 따라 조금씩 차이는 있지. 하지만 큰 차이는 없어. 이젠 눈을 감고 이렇게 생각해보렴. '나는 존재한다'라고 말이야. 눈을 뜨고 말해봐. 이 세상은 나를 중심으로 돌아가고 있다고. 얼마나 멋진 일이니. 상상이 돼? 우주에서 일어나는 수많은 일들 중 이 얼마나 놀랍고 신비로운 일이냐는 말이다. 네 존재, 그리고 네 주위로 돌아가는 이 세상의 존재를 이해하기 위해 0이 29개나 붙은 숫자의 쿼크와 전자들이 필요하다는 말씀! 놀랍도록 복잡한 구조 안에서 각 쿼크와 전자들이 각자 맡은 역할을 해낸다는 거야. 시계 안에서 각 톱니바퀴의 움직임이 정확해야 하듯, 네 몸의 쿼크와 전자들은 각자의 자리에서 너라는 개체를 움직이게 해준단다. 이를테면 책을 읽고, 집중을 하고, 잠을 자는 것까지 말이야.

자, 이제 우리를 찾아온 손님에게 전할 메시지의 첫 번째 뜻이 나오는구나. "자연은 문자와도 같은 구조다"였지? 이 문장은 여태껏 우리가 배워온 모든 것을 요약하는 문장이란다.

1. 물리학: 쿼크가 조합하여 양자와 중성자를 이루고, 양

자와 중성자가 조합하여 핵자를 이루고, 원자핵과 전자가 조합하여 원자를 이뤄낸다.
2. 화학: 원자들의 조합으로 분자를 이뤄낸다.
3. 생화학: 분자들의 조합으로 세포가 만들어진다.
4. 생물학: 세포들의 조합으로 생명체가 생긴다.

각 분야의 과학은 우주 안의 물질 조직에 대해 한 챕터, 즉 한 장을 만든단다.

우리를 찾아온 손님에게 전할 두 번째 메시지는 천체학에서 나오는 말이야. 다음과 같단다. "복합성의 단계, 즉 자연의 피라미드는 시간이 지나면서 조금씩 만들어진다." 이에 대해서는 차차 이야기를 나누자꾸나.

파스칼과 사다리의 위쪽

할아버지는 저에게 빅뱅 이후 우주의 역사에 대해서 말씀해주셨어요! 원자, 분자 등등에 대한 얘기 잘 들었어요. 이젠 생명체가 어떻게 나타났는지를 말씀해주실 차례예요. 제가 제일 궁금하고 알고 싶은 분야거든요. 우선 제 고양이 코크시그뤼가 어떻게 태어나서 어떻게 자랐는지를 설명해주세요. 고양이는 언제 이 세상에 나온 것이죠?

허허, 조금만 기다리렴. 이미 다섯 단계나 올라왔잖니. 여섯 번째 단계에 살아 있는 세포들이 있지. 푸른 이끼류, 규조류 등 시든 꽃이 담긴 병에서 찾아볼 수 있는 작은 생물들 말이다. 이 생물들이 우주에 나타난 시기가 궁금하지 않니?

그런데 할아버지, 문제가 하나 있어요. 할아버지의 말씀을 잘 이해했다면, 지구 외에는 생물이 살고 있는지 아닌지 모르는 거잖아요.

그래, 네 말이 맞아. 그래서 지구라는 별에 한정해서 이야기를 계속해나갈 수밖에 없단다. 그 외의 우주에 대해서는 아는 것이 없으니 말이다.

그러니까 다시 태양계로 돌아오는 거네요! 태양과 그 주위의 별들은 지금으로부터 45억 년 전에 생겼다고 하셨죠? 그렇다면 지구에 생물이 나타난 것은 그 이후겠네요? 우리는 생물의 역사에 대해 어떤 걸 알고 있나요?

지질학에 따르면 지구가 생겼을 때는 천 도가 넘는 고온의 용암 덩어리였다고 하는구나. 그러니 그런 곳에 생물체가 살았을 리 만무하지. 물도 증기의 모습으로만 존재했을 거야. 이런 환경에서는 조직체가 살아갈 수 없단다.

물론 우리가 알고 있는 생물을 말하는 거겠죠?

좋은 지적이다. 하지만 그로부터 몇 억 년이 지난 후 지구가 차가워지기 시작했단다. 수증기가 응고하고 미세한 조직들이 액체 층에 번식하게 된 거야.

그 사이에는 무슨 일이 있었는데요?

그걸 확실히 아는 사람은 없어. 19세기에 루이 파스퇴르가 여태껏 사람들이 생각했던 자연발생설과는 반대되는 이론을 증명했지. 바로 생명체는 저절로 생긴 것이 아니라는 의견이었어. 이 이론 때문에 문제가 더 복잡해졌지. 생각해봐. '자생'이 아니라면 처음에는 그 생명체가 어떻게 나타났느냐는 것이야. 과연 어떻게 해서 물속을 헤엄쳐 다니는 분자들이 각자 적합한 위치에 자리할 수 있었느냐는 거지. 먹고 생산을 해내는 조직체를 만들기 위해서 말이야. 이것이 바로 현대 과학의 미스터리 중 하나란다.

뭔가 생각해낸 것도 없어요?

물론 몇 가지 이론이 있긴 하지. 하지만 만족할 만한 것은 아니야. 우리에게 중요한 건 이런 결과를 만들어낸 원인이 무엇이든 간에 지구에 생명체가 나타났고, 우리가 바로 그 증거라는 거야. 우리 모두가 원시 대양에서 빠른 속도로 증식했던 미세한 생물체의 후손인 셈이지. 그다음 역사는 우리가 이미 잘 알고 있는 내용이란다. 기본 요소가 되는 것이 분자이며, 이 분자들이 모여 조직체를 만들고 거기서 새로운 특징이 나타나는 거야. 이게 바로 생명이지!

생명을 갖는 것…… 정말 멋진 일이 아닐 수 없어요! 생명이 나타난 시기를 알 수 있나요?

30억 년쯤 전이었지. 하지만 확실하지는 않아. 제일 오래된 생명의 흔적은 호주와 그린란드에서 발견되었단다. 미생물 화석인데, 그 시체가 쌓이고 쌓여 거대한 바위 같은 모습을 하고 있지. 지질학에서는 이 화석을 스트로마톨라이트라고 부른단다.

할아버지가 그러셨죠? 바로 이 미생물들이 숨을 쉬며 산소가 생긴 거라고요. 우리가 마시는 산소요!

이 작은 조직체는 지구 전체라는 단계에까지 영향을 줄 정도로 번식한단다. 빛의 영향으로 탄소 가스를 이용해 산소를 만들 수 있었지. 다른 생물들이 제대로 번식할 수 있도록 도왔단다. 빠른 진화의 문을 열어준 셈이지. 이런 미생물이 없었다면 우리도 없을 거야. 하지만 그다음 단계로 넘어가기 위해서는 적어도 30억 년이 더 걸릴 거야.

지구에서야 그렇죠! 누가 알아요. 다른 곳에서는 이야기가 또 달라질지?

그럴지도 모르지…… 네 말대로 누가 알겠니! 10억 년 조금 전에 지구 생명의 또 다른 장이 시작되었단다. 서로 다른 세포들이 모여 만들어낸 생명체가 생겨난 거지. 그 세포들의 조합을 알아낼 수 있지 않았겠니? 진화가 느리게 진행되던 와중에 물고기가 태어나고, 양서류(이후에 육지로 나왔단다. 개구리처럼)가 나타나고, 파충류, 새, 원숭이를 포함한 포유류, 그리고 인류…… 즉 우리가 생겨났지.

그리고 제 고양이 코크시그뤼도요!

정확히 말해 고양이과 조상이지…… 다른 포유류에 속하는.

그럼 이제는 세포들이 기본 요소가 되는 거네요?

그래, 2백 개가 넘는 다양한 종류가 있단다. 물론 각자 특성을 가지고 있지. 인간에게 있어 뇌의 세포인 뉴런은 아주 중요한 역할을 해. 생각하고 질문을 할 수 있는 능력을 제공하는 것이 바로 뉴런이야. 인간의 지능은 뉴런의 조합이 만들어낸 특징이란다.

할아버지가 말한 것처럼 눈을 감고 내 존재를 느끼는 것도요?

이토록 놀라운 능력이 생긴 것도 우주의 나이에 비하면 최근의 일이라고 할 수 있지. 140억 년에 비해 몇 백만 년은 아무것도 아니니까.

왜 이렇게 오래 걸린 걸까요?

우선 원자를 형성하는 별이 태어나고, 살고, 죽는 데 시간이 오래 걸렸어. 다음으로는 물이 존재할 수 있는 견고한 행성이 생기는 데 시간이 걸렸지. 그리고 마지막으로 생물학적 진화가 느리다보니 아메바에서 시작해 사고를 할 수 있는 생명체가 나오기까지 시간이 필요했단다. 이게 다 몇 십억 년에 걸쳐 일어난 일이야.

우리가 생각하는 것 말고도 또 다른 진화 단계가 있을까요?

방금 전에 들었던 벌집의 예를 생각해보려무나. 각 벌들은 자기가 맡은 특별한 일이 있었지? 그걸 잘해내면 조화로운 환경을 만들 수 있었어. 이미 말했던 오케스트라도 마찬가지였지. 지휘자를 통해 다양한 악기들이 조화로운 연주를 만들어내잖아. 베토벤의 9번 교향곡 같은!

할아버지가 과거로부터 온 철학자에게 전할 두 번째 메시지 있잖아요. "자연의 피라미드는 시간이 지나면서 조금씩 형성된다." 그 말을 생각하니 궁금한 게 생겼어요. 과연 미래에는 또 다른 단계가 생길까요? 여태껏 어떻게 진화되었는지 설명하면서 할아버지는 그 시기까지 말씀해주셨죠! 그 마지막이 세포가 조합된 조직체였고, 그건 10억 년도 채 안 되었다고요. 그러니까 동물이나 우리 인간들은 아주 최근에 나타난 존재인 거죠. 이렇게 우주의 역사가 끝난다는 건 상상도 할 수 없어요.

그런 질문을 하다니 참 대견하네! 네 말에 하나를 더 덧붙이고 싶구나. 최초의 세포, 그러니까 30억 년 전에 바다 깊은 곳에 분자들이 자리를 잡으며 생긴 그 세포들이 언젠가는 살아 있는 생명 조직체에 들어가는 구성 요소가 될 것이라 상상이나 했을까? 같은 거라고 보면 돼. 우주 물질의 조직이며 복잡한 구성의 발전이 140억 년 전부터 계속 진행되고 있어. 그런데 그 누가 미래에 일어날 일을 보장할 수 있겠니?

밀레토스에서 우리를 찾아온 과거의 손님에게 전할 두 가지 메시지 기억하지? 그 메시지를 조금 더 강조하고 부각시키기 위해 한 인물을 더 소개해볼까 한단다. 안 그래도 이 문제에 대해 많이 생각했던 그런 인물이야. 바로 블레즈 파스칼. 17세기 프랑스 철학자지. 왜 유명한 문장이 있잖니. 무한한 우주의 영원한 침묵이 나는 무섭다…… 라는.

아, 학교에서 배웠어요. 하지만 그 뜻을 잘 이해했는지는 모르겠어요.

갈릴레오 갈릴레이의 발견이 있고 몇 백 년 후에 이 문장을 썼단다. 여태껏 믿어온 것처럼 지구가 우주의 중심이기는커녕 거대한 공간에 존재하는 아주 작은 별일 뿐이라는 걸 알았잖니? 그러니 우주의 거대함 앞에서 현기증을 일으킬 수밖에 없었겠지. 결코 상상할 수 없는 엄청난 크기의 우주 안에서 길을 잃은 것 같았지. 파스칼의 존재 따위는 신경도 쓰지 않는 광활한 우주에서 말이다.

할아버지가 우주에 대해 말씀해주신 모든 걸 파스칼은 몰랐던 거예요? 어떻게 설명하면 파스칼이 안심할 수 있을까요?

만일 우주가 거대하지 않았다면, 그리고 우리가 알다시피 오랜 역사를 가진 것이 아니었다면 그런 문장을 쓸 수도 없었을 거라고 말할 수 있겠지. 만일 우주가 편협한 곳이고 성서에 나온 것처럼 6천 년 정도의 역사만 가진 존재였다면 파스칼은 태어나지도 않았을 거라고. 이게 바로 블레즈 파스칼에게 너와 내가 전할 수 있는 메시지가 아닌가 싶다.

돌판

할아버지께 물을 어마어마한 질문이 하나 있어요. 우선 할아버지는 우주의 역사를 설명해주셨죠? 펄펄 끓는 마그마가 식기 시작하면서 점점 더 복잡한 구조가 탄생하게 되었다고도 하셨어요. 그리고 내 몸을 이루고 있는 원자와 분자들은 별 덕분에 생긴 것이라고도요.

그래, 놀라운 일들이 생겨나는 우주에 너와 내가 살고 있지. 그냥 생명체만 생긴 것이 아니라 모차르트의 음악이 태어났고 베를렌의 시가 탄생했단다.

네, 하지만 좀처럼 떨쳐버릴 수 없는 생각이 하나 있어요. 이 모든 걸 만들어내기 위해서는 어떤 거대한 구조가 이미 있었던 게 아닐까요? 일종의 컴퓨터 프로그램 같은 거요. 그렇다면 그 프로그램을 만든 프로그래머도 있었을 것이고요!

그래, 누구나 그런 질문은 해볼 수 있겠지. 우선 두 가지 다른 질문을 통해 이 문제를 다뤄보도록 하자. 이 질문들에는 공통점이 있어. 답이 없다는 거지.

답도 없는 질문을 왜 해요?

한편으로는 프로그래머 같은 존재가 있는지 없는지 알아보기 위해, 또 한편으로는 우리의 무지를 인정하기 위해! 우리 사고에 있어 중요한 단계가 아닐 수 없단다. 첫 번째 질문은 뭐랄까. 조금은 순진해 보이기까지 한단다. 하지만 절대 그렇지 않아. 이 질문은 라이프니츠가 했었지. 그 질문이 바로 "왜 아무것도 없지 않고 무언가가 있는 걸까?"란다.

만일 아무것도 없다면 이런 질문을 할 사람도 없다고 대답하면 되지 않아요?

그래! 확실한 건 무언가가 있다는 것이지. 이건 하나의 사실이야. 하지만 '왜?' 라는 질문에는 대답할 수가 없단다. 그러니 우리의 무지를 받아들일 수밖에. 그리고 이걸 기준으로 두 번째 질문을 해보는 거야.

두 번째 질문이 뭐예요?

우주의 탄생 당시 분화되지 않은 카오스 상태의 이 '무언가'는 왜 시간이 지나면서 조금씩 질서를 잡고 구조화된 것일까. 처음처럼 카오스 상태로 남아 있는 것이 아니고 말이야. 우리가 알고 있는 과학적 지식에 의거해서 이런 질문을 해볼 수 있겠지. 특히 우주 역사에 대해 설득력 있는 제안을 한 빅뱅 이론에 의거해서.

이 질문에 대한 답을 과학에서 찾을 수 있을까요?

어떻게 보면 그렇다고 할 수도 있어. 우리가 자연의 '힘'이라 부르는 존재, 그리고 이 힘을 지배하는 '법칙' 덕분에 여러 구조가 생겨나게 된 거야. 별에게는 중력이, 원자나 분자에는 전자기의 힘이, 그리고 양자와 원자핵에는 원자력들(두 개의 다른 형태의 힘)이 있단다. 이 힘에 대해서는 우리도 이미 잘 알고 있지? 물리학 연구소에서 그 힘의 특징에 대해 정확히 관찰하고 연구를 했으니까.

네, 이해는 가요. 하지만 할아버지 얘기를 들으니까 제 질문이 더 오리무중에 빠져드는 느낌이에요. 만일 제가 할아버지한테 이런 질문을 한다고 생각해보세요. 왜 그냥 힘이 아니라 자연의 힘이냐고요. 그럼 할아버지는 뭐라고 대답하실 건가요?

그래, 네 말도 맞다. 어떤 질문에 대한 대답을 찾았을 때, 또 다른 질문을 할 수 있는 거니까. "왜 하필 그런 대답이죠?"라고 말이야. 그럼 또 대답이 나오고, 또 질문이 나오고, 또 대답이 나오고, 또 질문이 나오고…… '왜?' 와 '왜냐하면'

의 사슬은 끝이 없다고 보면 되겠구나. 여기서 또 한 번 우리의 무지를 인정해야 할 거야. 이렇게 말할 수 있겠지? 어떤 힘이 존재한다. 그리고 그 힘이 물질의 구조를 만든다! 요약하자면 다음과 같겠지. 왜 아무것도 없지 않고 무언가가 있을까, 라는 질문에 대답할 수 없다는 것! 또한 왜 힘이 없는 것이 아니라 힘이 있어서 '무언가'들이 서로 모여 조직체를 이루고 나나 너, 네 부모, 네 사촌들과 같은 생명을 만들어내는지도 모른다는 것……

이런 힘들에 대해 잘 알고 있었다고 하셨죠?

그에 대해 설명하기 위해서는 과학의 역사를 먼저 말해야 할 것 같구나. 갈릴레오 갈릴레이와 17세기 뉴턴의 연구가 있기 전, 우주의 이미지는 아리스토텔레스가 말했던 이미지를 생각하고 받아들였었단다. 아리스토텔레스에게 우주란 두 개의 서로 다른 부분으로 이루어진 것이었지. 아래 있는 부분(달 아래)과 위에 있는 부분(달의 위쪽)이었어. 달 아래는 우리 지구가 있고, 이 지구는 부패성 물질로 되어 있어 변화에 복종할 수밖에 없다고 말이야. 나무가 썩고, 쇠는 녹이 슬고, 산이 침식되고, 또 계곡에 물이 찬다고 했었지? 이번에는 달 위쪽을 보자. 위쪽에는 수많은 별과 태양이 있어. 순수한 물질로 되어 있어 썩지 않지. 영원토록 변함이 없다고 생각했단다.

두 세계를 나누는 기준이 되는 것이 왜 달이었죠?

고대 사람들에게 있어 달은 두 개의 특징을 갖는 존재였단다. 달은 변함(초승달, 반달, 보름달, 그믐달)과 동시에 변하지 않지. 다시 말해 다른 별들처럼 예상한 날짜에 맞춰 다시 나타나니까. 그리고 갈릴레이가 망원경으로 하늘을 관측했어. 목성 주변의 위성을 발견했지. 금성이 변한다는 것도 봤고 달이 울퉁불퉁하다는 것도 알았어. 이런 관측을 통해 두 개의 다른 세계가 존재하는 게 아니라는 결론을 얻었지. 두 개가 아니라 단 하나라는 사실을! 그리고 몇 백 년이 흘러 뉴턴의 역사적인 발견이 있었던 거란다. 달 밝은 밤에 사과나무에서 사과 하나가 떨어지는 것을 봤어. 그걸 보고 뉴턴은

깊은 고민에 빠져들었지. 그리고 거기서 알아냈어! 사과를 떨어뜨리게 하는 힘(중력)과 지구 주위로 달이 돌도록 만드는 힘, 또 태양 주위로 다른 별들이 돌게 만드는 힘은 같은 것이라고. 이 힘은 지구뿐만 아니라 태양계에 똑같이 작용하는 힘이었어. 여기서 천체물리학이 탄생했단다.

그게 어디든 적용되나요? 아주 멀리 있는 은하에서도요?

네 질문에 대한 답은 20세기가 와서야 얻을 수 있었어. 대형 망원경을 설치한 후였지. 십억 광년 정도 멀리 떨어진 별에 자리 잡았던 산소 원자에 의해 빛이 보내졌거든? 그 빛을 우리 망원경으로 잡아낼 수 있었고. 몇 십억 년 전부터 우주를 흘러 다니는 광자와 연구실의 수소 원천에서 나오는 광자를 비교해봤어. 그랬더니 은하에서 나온 '오래된' 광자 역시 램프의 빛에서 나오는 '어린' 광자가 순응하는 법칙을 따르더라는 거야. 그것도 아주 정확하게! 이 연구뿐만 아니라 다른 여러 연구를 통해 자연의 힘을 관장하는 법칙은 우주나 지구, 또 과거나 현재나 똑같다는 걸 알 수 있었단다.

만약 그렇지 않았다면, 즉 장소나 시간에 따라 법칙 역시 변한다면 우주 연구는 정말 어려워지겠지? 이런 단일성은 우주를 연구하고 이해하려 기를 쓰고 달려드는 가엾은 과학자들을 위해 자연의 어머니가 내려주신 넓은 아량 같은 게 아닐까 싶구나.

하지만 문제가 있어요, 할아버지. 우리가 살고 있는 우주는 계속해서 변하는데, 이제 와서 변하지 않는 법칙이 있다니요!

그래, 참 역설적이긴 하지. 빅뱅 이론이 그 자리를 잡은 것만큼 법칙의 보편성 역시 자리를 잡았단다. 요약을 해보자. 우주 시작 당시 펄펄 끓었던 마그마가 아주 구조적인 모습으로 조직화가 되었다고 했지. 그것도 여러 단계에 거쳐서 말이다. 그리고 어떻게 해서 이 단계를 따라 생물이 생기기 시작했지? 그 답은 다음과 같아. 여러 입자들을 관장하는 힘이 있었기 때문이지. 그리고 입자들은 그 힘에 따라 구조화가 되었던 것이고. 이 힘을 지배하는 법칙에는 특징이 있어. 그건 바로 어딜 가나 똑같다는 거야. 우주가 끊임없이 변함에도 불구하고 말이야.

이 얘기를 들으니까 모세의 돌판이 떠올랐어요. 성서에 나오는 십계명을 적은 돌판이요. 자연의 법칙은 어떤 판에 새겨졌나요? 어떤 판에 적혔기에 항상성을 유지하는 거죠?

이 법칙 때문에 아직도 우리 인간들은 놀라움을 감출 길이 없단다. 우주를 연구하기 시작했을 때 전혀 생각지 못했던 걸 발견했는데, 그 얘기를 조금 들려줄까? 우주를 관측하고 이론 모델을 만들다보니 한 가지를 알게 되었지. 그건 바로 자연의 법칙들이 생명체를 탄생시키기 위해 필요한 특징을 다 갖고 있다는 사실이란다.

만일 법칙이 지금과 달랐다면 생명이 태어나지 않았을 거라는 말씀이세요? 그걸 어떻게 증명하죠?

그걸 위해서는 컴퓨터가 필요하지. 여러 계산을 이용해서 법칙이 다른 우주에서 일어날 만한 일을 시뮬레이션 해보는 것이란다. 일종의 가짜 우주를 가지고 게임을 하는 것과도 같다고 보면 돼. 각 우주는 그 우주만의 법칙에 복종하도록 하는 거야. 각종 푸딩을 만들 때 그 나름의 레시피를 따라야 하는 것처럼. 빅뱅 이론이 말하는 것처럼 처음에는 아주 뜨겁고 빛이 나는 조밀한 마그마 집단이 있다고 가정한단다. 그리고 그 마그마를 식히는 거지. 그러는 동안 무슨 일이 생기는지 관찰하면서 말이야. 그렇게 해보니 진짜 우주에서와 마찬가지로 우주 물질들이 냉각하고, 용해되고, 또 흐려지는 걸 알 수 있어. 하지만 처음에 어떤 레시피를 선택했느냐에 따라 차이점이 있지.

  대부분의 경우, 우리가 알고 있는 생명은 생겨날 수가 없었단다. 어떤 경우는 은하든 별이든 행성이든 간에 단단해지는 것이 없었다는 거야. 초기의 으깨진 상태가 계속된 것이지. 생명이 태어나려면 물이 있어야 하는데, 그 물을 받아들일 견고한 별이 없더라는 말이야. 또 다른 경우를 볼까? 모든 물질이 조각조각 나서 아주 빠른 시간 안에 축소하는 경우도 있었단다. 그렇게 되면 별들이 밀집하고, 결국 빛을 낼 수 없는 거야. 그냥 까만 구멍이 생기는 거지. 빛, 그러니까 태양이 없으니 태양계 같은 시스템이 생길 리 만무하지 않겠어? 아니면 아예 처음부터 수소가 헬륨으로 바뀌어버리는 거야(세 번째 단계를 기억하렴). 그럼 물이 생기지 않겠지? 물이 없으면 원시 미생물도 생길 수가 없어(다섯 번째 단계!). 생화학에서 아주 중요한 원자인 탄소가 부족해지는 거지! 대부분의 경우, 생명이 나타나 태양계에서 진화할 수 있을 만큼 충분한 시간을 사는 별이 없었다는 게 결과란다.

우리 우주의 물리적 법칙은 지식을 가지고 질문을 할 수 있는 존재에게 필요한 모든 특징을 갖고 있다고 하셨죠? 확실한 건, 만일 그렇지 않았다면 우리가 이 세상에 나와 대화를 하고 토론을 할 수 없을 거라는 것…… 결국 아무도 없게 되는 거잖아요. 다시 말해 우리(우리의 우주)는 정말 운이 좋은 거네요. 복권 당첨과도 같잖아요! 우린 정말 운이 좋아요!

그 주제에 대해서는 과학자들도 의견이 분분하단다. 어떤 이들은 전혀 흥미롭지 않은 평범한 일이라 하고, 또 어떤 이들은 그 반대로 이런 정보가 아주 중요하다고 하지. 너도 예상하다시피 철학이나 종교적 감성은 사람들에게 영향을 끼치잖니.

그럼 할아버지는요? 할아버지는 어떻게 생각하세요?

분명 어딘가에 흥미로운 무언가가 숨어 있다는 생각을 떨칠 수가 없구나. 우리가 아직은 알아내지 못한 뭔가가 있다는 것이지. 어쨌든 그 이야기는 평행 우주에 대해 알아보면서 계속해보자꾸나.

멀티버스

제가 할아버지와 이야기를 나눈다고 했더니 친구들이 그랬어요. 평행 우주에 대해서 알고 싶다고요. 정말 우리 우주와 같은 다른 우주들이 존재할까요? 우리 우주와 같은데 멀리 떨어져 있는 그런……

학계에서 평행 우주의 가능성에 대해 말이 많단다. 어떤 학자들은 우리 우주가 다른 여러 우주 집단의 하나일 것이라고 하지. 이 우주 집단을 일반적으로 '멀티버스'라 한단다. 유니버스가 아닌 멀티버스.

할아버지는 멀티버스에 대해 어떻게 생각하세요?

가능할 수도 있지…… 모든 게 가능하니 말이다. 우리가 아는 우주 외에 다른 것은 없다고 확신하는 건 그리 과학적이지 못하다는 생각이 드는구나. 문제는 아직까지 다른 우주의 존재를 확인시켜줄 수 있는 증거를 찾지 못했다는 거야. 간접적으로나마 그런 증거는 없어. 과학에서 새로운 생각을 받아들일 때는 증거를 요한단다. 적합한 관측과 연구를 통한 확신이 필요하다는 말이지. 그렇지 않으면 공상 과학으로 남을 수밖에 없잖니.

저번에 이렇게 말씀하셨죠? 증거가 없다고 해서 없는 것을 증명하는 건 아니라고요.

그래, 맞아. 그렇기 때문에 멀티버스라는 문제에 대해서는 열린 마음을 갖고 있단다. 물론 여러 천체물리학자들이 주장하는 이론이 있긴 해. 멀티버스가 존재한다는 생각을 증명해주는 그런 이론이지. 우선 우리의 우주와 그 우주를 지배하고 있는 법칙으로 다시 돌아와보자. 특히 이 법칙들은 생명과 의식이 존재할 수 있도록 하는 데 꼭 필요한 특징을 갖고 있다는 생각 말이야.

네, 하지만 그게 멀티버스와 무슨 상관인가요?

멀티버스에 있는 각 우주들이 서로 다른 법칙에 복종하고 있다고 상상해보렴(각 푸딩이 갖고 있는 제각기 다른 레시피). 그럼 그 결과는 어떨까? 우리와 비슷한 레시피, 즉 비옥하고 생산이 가능한 레시피를 갖고 있지 않은 모든 우주들은 차가워지고, 용해되고, 또 어두워지겠지. 우리 우주가 그랬던 것처럼 말이다. 하지만 다른 점은 우리 우주와는 달리 이 우주에서는 생명이 태어날 수 없다는 거야. 생명이 나타날 수 있는 시간만큼 오래 사는 별이 없을 수도 있고, 아니면 수소가 모두 헬륨으로 변해버려 물을 만드는 분자가 생기지 못했을 수도 있지.

그래서요? 그 결과는 어떤가요?

이런 상황에서 학자들은 말하지. "우리에게 질문을 할 수 있는 지식이 있다는 것은 다른 모든 우주 중 우리가 사는 우주가 비옥하고 생산 가능하기 때문이다"라고 말이야. 이 학자들은 이렇게 생각한단다. 모든 것은 간단히 설명된다고…… 그렇기 때문에 멀티버스를 믿는 것에도 설득력이 있다고 보는 거지.

하지만 이런 우주들이 정말 존재하는지 아닌지는 정확히 알 수 없다고 할아버지가 그랬잖아요!

아직은 그렇지. 결코 있다고 확신할 수는 없어. 하지만 상황은 언제든지 변할 수 있지 않겠니? 또 다른 기계를 이용해 다른 우주의 존재를 찾아낼 수도 있을지 몰라. 하지만 지금은 다른 우주들의 존재 혹은 무존재를 확인할 수 있는 그 어떤 방법도 없다는 거다.

제가 잘 이해했는지 말씀해주세요, 할아버지. 그러니까 멀티버스의 존재를 믿는 사람들은 "만일 다른 우주들이 존재한다면, 그리고 이 우주들은 우리 우주와는 다른 법칙을 따르고 있다면, 우리 우주의 생산 가능성에 대해 놀랄 필요가 전혀 없다! 우리 우주는 다른 무한한 우주들 중 하나의 경우일 뿐이며, 우리 우주가 다른 우주와 다른 점은 생산성의 법칙을 따르고 있는 것이다!"라고 말한다는 거죠?

그래, 잘 이해했구나.

뭐, 맞는 말 같기도 하네요. 하지만 '만약에⋯⋯ 그렇다면⋯⋯'이라는 말이 너무 많이 들어가는 것 같아요.

나도 네 말에 찬성이다. 내가 보기에도 '만약에'라는 가정이 너무 많아. 하지만 멀티버스의 존재를 의심한다면 또 다른 문제가 남아. 우주의 법칙이 바로 복합적 존재의 발달과 지구인들(어쩌면 다른 별의 거주자들)에게 지식과 의식을 갖게 해주는 바로 그 법칙이라는 사실을 어떻게 해석해야 하겠느냐는 거지. 이게 바로 현재 우리에게 닥친 문제란다. 나도 그 답은 모르겠구나.
 여기서 중요한 건 열린 마음을 갖는 것이야. 해답 없는 문제가 있다는 걸 받아들이는 것이 만족스럽지 못한 해결책을 받아들이는 것보다는 낫지 않겠어? 만족스럽지 못한 해결책을 받아들인다는 건 더욱더 가능성 있는 비전으로 향한 문을 닫아버리는 것과 같단다. 물리의 법칙이 생명의 탄생과 의식의 탄생에 잘 맞춰졌다는 걸 알 수 있도록 해준 연구마저도 그 의미를 잃어버릴 수 있어. 그런 안타까운 일이 또 있을까……

시계와 시계공

우주에 대해 많은 이야기를 해주셨네요, 할아버지. 물질의 조직이 어떻게 이루어지는지도 잘 설명해주셨고요. 우주의 법칙은 이 조직체가 살아가는 데 필요한 모든 특징을 지녔다고도 하셨어요. 그럼 이 법칙은 누가 만든 것이죠? 이렇게 멋진 일에는 그 창시자가 있지 않겠어요?

아주 신중해야 하는 부분이 바로 그 부분이야. 과학 분야를 떠나 사건의 해석에 관한 분야로 들어가는 것이기 때문이지. 과학에는 증거가 있잖니? 하지만 여기서는 그 무엇도 확증할 수가 없단다. 개인적인 의견을 낼 수 있을 뿐이지. 우선 이야기 하나를 들려줘야겠구나.

아주 오래전, 그러니까 우주에 대한 탐험이나 위성사진이 있기 훨씬 전에 사람들은 지구가 어떤 모양일까 궁금해했단다. '평평할까 아니면 둥근 모양일까?' 어떤 사람들은 이렇게 말했어. "지구가 둥글 수는 없다. 만약 그렇다면 그 반대편에 사는 사람들은 머리가 아래로 향하기 때문이다. 그러면 빈 공간으로 떨어질 것이다"라고 했지. 이 생각이 논리적이긴 해. 하지만 틀린 생각이야. 지구는 둥글고 남반구에 사는 호주 사람들이 떨어지는 일도 없단다! 그럼 뭐가 틀린 것이었을까? 바로 '아래'라는 단어의 의미에서 오류를 범한 것이었어. 이제는 알게 되었지. 그 '아래'라는 것이 지구 중심을 향한다는 걸 말이야. 하지만 당시에는 그걸 몰랐지. 그런 무지에서 잘못된 결론이 나온 것이란다.

이 일화에는 아주 중요한 의미가 숨어 있단다. 바로 우리 인간들은 우리가 아는 것으로부터 논리를 이끌어내고 생각을 한다는 것이야! 그러니 이 일화는 여러 방면에서 생각해 봐야 한다는 교훈을 주지. 사람들이 생각하는 어떤 이론은 범위가 정해진 일정한 시간 내, 그리고 인간 과학의 범위 안에서만 설득력이 있다는 걸 명심하렴. 새로운 생각이나 이론이 나타났을 때는 거기에 맞출 줄도 알아야 한단다. 볼테르가 이런 말을 했지. "시계는 존재하지만 시계공은 없다고 생각할 수밖에 없다"라고 말이야. 물론 이건 시계와 시계공이 요소를 이루는 단계에서 이해할 수 있는 이야기지. 하지만 너도 눈치챘지? 우주가 시계와도 같다고 말할 수 있다는 걸…… 물론 비교를 할 때는 조심해야겠지. 어쨌든 시계가 뭐니? 여러 개의 톱니바퀴가 모여 만든 메커니즘이지. 볼테르가 살았던 1750년경에는 궤도를 따라 위성이 돌고 있는 태양계의 구조를 막 발견한 참이었단다. 그러니 볼테르가 이런 비교를 한 것도 이해가 가지? 그는 당시만 해도 아는 게 별로 없었던 우주에까지 자신의 사고 영역을 넓힌 것이었어. 현대물리학으로 인해 우리는 시계에 관한 비유보다 훨씬 더 복잡하고 훨씬 더 미스터리한 우주의 이미지를 가지고 있는 거야. 원자학이 우리에게 선사하는 수많은 수수께끼를 아직도 다 풀지 못했지. 현실에 대해 정확히 모른다는 뜻이야.

그렇다면 위대한 건축가, 혹은 창시자가 있다는 생각을 버려야 한다는 말씀이세요?

그건 나도 모르겠구나. 아주 오래전부터 할아비도 그게 궁금하단다. 확실한 건, 볼테르가 한 말로는 충분치 않다는 거야. 그럼 볼테르의 말 대신 어떤 말이 일리가 있게 들릴까? 아, 네 고양이 코크시그뤼가 네 무릎 위에서 잠이 들었구나. 이 고양이가 무척 영리하다고 했었지?

네, 저도 깜짝 놀라는걸요! 가끔은 이 녀석이 생각을 하는 것 같다니까요?

그렇다고 이 고양이에게 기하학을 가르칠 생각은 하지 않겠지? 예를 들자면 말이다.

당연히 아니죠! 이 녀석이 기하학을 어떻게 이해하겠어요?

그래, 기하학과 같은 학문은 네 고양이가 이해할 수 있는 범위를 넘어서지. 그와 마찬가지로 우주 계획에 대한 질문 역시 우리의 이해 범위를 넘어서는 것이 아닐까 하는 생각이 든단다. 우리의 뇌로는 이해할 수 없다는 뜻이야. 아무리 현대 과학이 발전했다고는 하나, 우주는 아직 우리에게 신비로운 장소거든? 또 모르지. 그 비밀이 영영 풀리지 않을지도. 정말 그럴지도 모르니 마음의 준비는 해야 한다고 생각한단다. 누가 알겠니……

블랙홀이 뭔가요?

블랙홀에 대해 많은 이야기를 들었어요. 정말 블랙홀이 존재하나요? 저 하늘 위에 존재한다는 건가요? 그런데 정말 블랙홀이 까만색이라면 그걸 볼 수 없지 않아요?

우선 네 질문에 대한 대답은 예스란다. 몇 십억 개가 넘는 블랙홀이 존재하지. 태양계만큼이나 거대한 블랙홀도 있고, 몽블랑 정도로 작은 블랙홀도 존재해. 어쩌면 더 작은 블랙홀이 있을 수도 있어. 그런데 문제는 '홀', 즉 구멍이라는 단어를 잘못 선택했다는 것이야. 그건 구멍이 아니라 특이한 별들이란다. 블랙홀에 대한 설명을 하기 위해 이야기 하나를 해주마. 우선 오늘 밤에 거대한 요정이 하나 나타나 우리 태양으로 다가간다고 상상해보렴. 그리고 요정의 무지막

지한 두 손으로 태양을 누른다고 상상하는 거야. 지름이 백만 킬로미터가 넘는 이 태양이 고작 3킬로미터 정도로 작아진다고 생각해봐.

그럼 무슨 일이 벌어지는데요?

내일 아침에 태양이 뜨지 않겠지. 보이지 않는다는 뜻이야!

왜요?

너무 밀집되어 있기 때문이란다. 그래서 빛이 나갈 수가 없어. 빛이 다른 곳으로 흘러 나가지 못하고 다시 태양 위로 떨어지고 말 거야. 분수의 물이 그렇듯이 말이다.

왜 빛이 나가지 못하죠?

끌어들이는 힘이 너무 압축되어 강해졌기 때문이지! 네가 던지는 돌이 우리 지구를 벗어나지 않도록 그 돌을 끌어당기는 지구의 힘처럼 말이야. 블랙홀은 너무 촘촘하고 압축되고 밀집되어 있어 그 무엇도 빠져나갈 수 없는 별이란다. 빛조차도 빠져나갈 수 없이 촘촘하지! 그 안으로 떨어지는 모든 것이 다시는 밖으로 흘러 나갈 수 없단다. 거대한 진공청소기라고 보면 되겠구나.

그럼 지구가 블랙홀에 흡수될 수도 있어요?

그렇지는 않아. 너무 멀리 있거든. 지구까지 삼키지는 못할 거야.

그런데 할아버지, 만일 태양을 볼 수 없다면 내일 아침에도 태양이 그 자리에 있는지 아닌지 어떻게 알죠?

매일 밤, 그 밤하늘에 보이는 별들을 관찰하는 거야. 예전처럼 철마다 일정한 별자리가 나타나는지 살피는 것이지. 그걸 보면 지구가 계속해서 태양 주위를 돌고 있다는 걸 알게 될 테니까.

그렇다면 블랙홀이 될지언정 태양은 계속해서 지구를 끌어당기고, 또 궤도를 따라 그 주위를 돌도록 한다는 거죠?

다 이해했구나. 태양계의 별들에게 있어 태양이 하는 역할은 두 가지가 있어. 첫째는 빛을 보내는 거야. 둘째는 중력장이라 불리는 걸 통해 그 별들을 당기는 일이지. 이건 모든 개체가 가지는 특징이기도 하단다. 서로 끌어당기는 힘이 있거든. 쉽게 생각해 몸이 클수록 그 주위로 끌어당기는 것들이 많아진다고 보면 되겠구나. 하지만 태양의 두 가지 역할이 서로 독립적이라는 걸 잊어서는 안 된단다. 더 이상 태양계의 별들에게 빛을 보내지 않는다고 해서 그 별들을 끌어당기는 힘이 사라진다는 건 아니야. 블랙홀은 중력에 의해 자신의 존재를 표현한단다.

  우리 이야기의 또 다른 장이 열렸다고 생각해보자. 이번에는 그 거대한 요정이 태양을 점점 더 큰 덩어리로 만든다는 상상이지.

그러면 지구는 어떻게 될까요? 제가 할아버지 말씀을 잘 이해했다면, 태양이 더 강한 힘을 동원해 지구를 끌어당기지 않을까요? 그러면 지구가 태양 속으로 빠져들어가는 거죠!

꼭 그렇지는 않아. 지구가 태양에 더 가까워지는 것으로 끝날 수도 있지. 물론 회전속도는 더욱 빨라지겠지? 지금보다 돌아야 할 거리가 더 짧을 테니까. 만일 거대한 요정이 태양의 한 부분을 잘라낸다면 지구는 멀어지겠지? 그리고 공전 속도도 더 느려지고. 우리가 잠시 나눠본 이 이야기는 나중에 도움이 될 거야. 하나의 별이 그 주위를 공전하는 다른 별들의 움직임에 영향을 줄 수 있다는 걸 잘 표현해주는 이야기거든. 더 이상 빛을 보내지 않더라도 말이다.

이제 다시 블랙홀 이야기로 돌아오자. 우리 은하의 중심에도 블랙홀이 하나 있단다. 바로 은하수야. 행성들이 태양 주위를 돌듯, 이 보이지 않는 별 주위로 다른 별들이 돌고 있다는 걸 최근에 관측했어. 그 속도를 재보니 덩어리의 크기를 알 수 있었단다. 태양 덩어리보다 3백만 배가 더 크지 뭐니. 이 블랙홀은 우리의 위도상에서 볼 때 여름철 남쪽 지평선 가까이 보이는 센타우루스자리 쪽에 위치하고 있단다. 적색거성 안타레스 옆이지.

정말 대단해요! 그럼 그 블랙홀이 우리를 빨아들여 잡아먹을 수도 있는 거예요?

아니, 그러기에는 너무 멀리 떨어져 있거든. 이젠 각 은하 중심에 블랙홀이 있다는 생각이 받아들여진 것 같아. 안드로메다은하에도 블랙홀이 있어. 우리 은하의 블랙홀보다 서른 배는 더 거대한 블랙홀이지. 어떤 은하는 더 큰 블랙홀을 보유하고 있단다. 자그마치 천 배는 더 큰 블랙홀이지. 이 괴물 같은 블랙홀이 별이며 성운을 다 잡아먹는단다. 블랙홀을 향해 산사태가 일어나듯 모든 물질들이 쏟아져 들어가는 거야. 그런데 이 가스 성분의 조각들은 블랙홀에 잡아먹혀 완전히 사라지기 전에 고온이 되어 온갖 종류의 전파에 번개 같은 빛을 쏘아댄단다. 이를테면 무전, 적외선, 자외선, X-레이, 감마선 등등이 있겠지? '백조의 마지막 울음'과 비교할 수 있는 조각들의 발악은 우주 전체에서 확인이 가능해. 이걸 우리는 퀘이사라고 한단다. 먹을 게 생긴 괴물이 잠에서 깬다고 해.

암흑 물질

암흑 물질이 정말 블랙홀로 이루어진 거냐고 친구들이 물었어요. 정체를 알 수 없는 이 암흑 물질이라는 게 도대체 뭐예요?

그걸 설명하기 위해서는 태양과 태양계에 대해 다시 이야기를 해야겠구나. 기억이 나는지 모르겠다만 태양이 더 크다면 지구는 더 빨리 공전할 것이라고 했었지? 그럼 그걸 다르게 표현해보자. 즉 지구는 태양 위로 떨어지지 않기 위해, 혹은 우주로 떨어지지 않기 위해 적당한 속도로 공전하고 있다고 말이야. 또 다른 말로 표현한다면 이런 게 되겠지. 지구의 공전 속도를 측정함으로써 태양의 크기를 알 수 있다고. 이 점을 꼭 강조하고 싶구나. 아주 중요하거든.

지구와 마찬가지로 태양계의 다른 별들도 1년에 한 번 태양 주위를 돈단다. 달은 지구 주위를 한 달에 한 번씩 돌지? 태양은 또 어떠니, 다른 모든 별들은 또 어떻고? 이들 역시 우리 은하계의 핵을 중심으로 공전을 한단다. 약 2억 년 정도마다 한 번씩 말이야. 별 하나를 선택한다고 치자. 그리고 그 별의 속도를 안다고 생각해봐. 그걸 알기 때문에 그 별과 은하수의 중심 사이에 위치하는 다른 별이나 성운을 모두 합친 덩어리의 크기를 가늠해볼 수 있는 거야. 그런데 바로 여기서 문제가 생겨. 계산을 해보잖아? 그러면 별이나 성운을 합친 그 덩어리가 은하 속에 있는 모든 별들을 함유하고 있을 만큼의 크기는 아니라는 결과가 나오거든. 특히 중심에서 가장 멀리 떨어진 별들까지 다 포함하기에는 터무니없이 차이가 난다는 말이야. 은하에 있는 모든 별을 붙잡아둘 만큼 충분한 덩어리가 아니라는 거야.

그건 곧 무슨 의미인가요?

별이나 성운의 모습으로 우리 눈에 보이는 것 말고도 이 은하에는 다른 물질이 존재하고 있다는 뜻이지. 그것도 약 여섯 배가 넘는! 이걸 암흑 물질이라고 한단다. 보이지 않는 물질을 가리키는 거야.

무엇으로 구성되었는지 알 수 있어요?

아니, 그건 몰라. 하지만 그 암흑 물질의 구성 성분이 아닌 건 알 수 있어. 우리라는 존재를 만들어준 그 물질과는 전혀 다른 성분으로 되어 있단다. 다시 말해 양자나 중성자, 전자나 광자, 그리고 우리가 '일반적'이라고 부르는 물질의 조합으로 만들어진 것이 아니야. 정확한 구성 물질을 알아내기 위해 노력을 했지만 아직까지는 별 성과가 없단다.

그럼 그에 대해서 아는 건 뭔가요?

우선 암흑 물질이 존재한다는 사실은 알지! 그걸 증명하는 다른 증거들도 있어. 이미 1935년에 천체학자 프리츠 츠비키가 은하 무더기를 관측하다가 암흑 물질의 가능성을 제기했어. 암흑 물질 역시 다른 개체를 끌어들이는 힘이 있다는 것도 알았지. 이렇게 해서 암흑 물질의 존재가 드러난 거야. 또 하나의 중요한 정보가 있단다. 암흑 물질은 우주 물질 전체의 24퍼센트를 차지한단다. 우리가 일반적이라고 부르는 물질은 고작 4퍼센트에 불과해.

그럼 나머지는요? 4퍼센트 더하기 24퍼센트는 28퍼센트밖에 되지 않잖아요. 나머지 72퍼센트는 어떻게 된 것이죠?

그건 곧 설명하마.

우리 은하계에 있는 블랙홀, 그러니까 전에 말했던 그 블랙홀이 이 암흑 물질로 되어 있을 수도 있다는 말이에요?

아니, 그러기엔 그 양이 너무 부족해. 우리 은하의 블랙홀을 포함한 모든 블랙홀은 별들을 담아둘 수 있는 덩어리의 1퍼센트도 안 된단다. 따라서 그렇게 생각할 수는 없어.

그럼 어떤 게 또 있을까요?

최근에 있었던 천체학계의 흥미로운 발견인 암흑 에너지에 대해 살펴보자.

암흑 에너지와 우주의 미래

암흑 에너지란 무슨 뜻이죠?

천체학은 관측의 학문이라는 걸 또 한 번 기억하렴. 어떤 용어를 이해하기 위해서는 우선 그 용어를 탄생시킨 관측에 대해 생각해봐야 하는 거야.

20세기 말에는 이렇게 생각했어. 한데 뭉쳐 있는 각 은하의 덩어리 때문에 서로 끌어당긴다고 말이야. 따라서 각 은하들이 서로에게서 점점 멀어지는 현상을 늦출 수 있었다고 생각했지. 그렇기 때문에 현재 은하들끼리의 거리는 빅뱅 이후 끌어당기는 힘이 전혀 없었을 때 생길 수 있는 거리보다는 가깝다는 거였어. 하지만 1990년 이후부터는 전혀 그 반대의 현상을 관측할 수 있었지. 더 이상 은하들이 가까운 거리에 있는 것이 아니라 예상보다 더 멀리 떨어져 있다는 거야. 물론 그 거리를 재는 일이 쉽지는 않아. 하지만 아주 신중하게 측정값을 얻었고, 또 설득력까지 있단다.

과연 무슨 일이 있었던 걸까? 은하를 지배하는 또 다른 힘이 있다는 결론을 얻었단다. 그 힘은 바로 우주 전체에 퍼져 있는 보이지 않는 물질, '암흑 에너지'라 불리는 그 힘이지. 암흑 물질이나 일반적인 물질과는 달리 끌어당기는 특징이 있는 것이 아니라 주위에 있는 모든 걸 내모는 특징을 갖고 있어. 은하의 움직임을 늦추는 것이 아니라 더 빨라지게 하지. 암흑 물질의 진짜 성질을 모르듯, 암흑 에너지의 성질도 아직은 모른단다. 하지만 우주 밀도의 72퍼센트를 차지한다는 건 알지.

아, 그럼 제가 계산을 해볼게요. 24퍼센트의 암흑 물질 더하기 72퍼센트의 암흑 에너지는 96퍼센트! 그러니까 우주의 96퍼센트에 대해 아는 것이 없다는 거죠? 정말 96퍼센트의 보이지 않는 물질이 있다는 건 확실한가요?

과학에서 완벽한 확신은 존재하지 않는단다. 이런 물질들이 존재한다는 의견에 설득력이 있다고만 해두자. 이것만 해도 엄청난 연구 과제가 아니겠니? 이 문제에 대해서는 컴퓨터도 그 답을 줄 수 없구나. 따라서 열심히 관측하고 열심히 머리를 긁어보는 수밖에.

할아버지, 우주의 미래에 우리가 예상할 수 있는 건 어떤 것들이죠?

나보고 지금 예언자가 되어달라는 것이니? 아주 위험한 게임이 되겠는걸? 거의 모든 분야에 있어 대부분의 예언은 틀린 것이었잖아. 하지만 과거의 우주가 어땠는지를 알고, 또 물리법칙에 대해 우리가 현재 알고 있는 지식을 바탕으로 예언을 해보는 것에 자꾸 끌리는 것도 사실이다. 첫 번째로 부딪치게 될 어려움은 물리에 대한 우리의 지식이 계속해서 진화하고 있다는 사실에서 온단다. 현재 전해진 이론을 바탕으로 미래를 예측해보려고 노력하지. 곧 새로운 변화가 생기면 현재의 이론이 아무 쓸모도 없어진다는 걸 알면서도 말이다. 그래도 신중히 한번 검토해보자꾸나. 우주의 진화에 대해 가장 설득력 있는 설명을 한 빅뱅 이론에 질문을 던져볼까? 은하들이 조금씩 조금씩 서로에게서 멀어지고 있다는 사실을 통해 먼 미래에 대해 어떤 이론을 제기할 수 있을까?

그걸 설명하기 전에 간단한 실험 하나를 해봤으면 좋겠구나. 돌멩이 하나를 들고 위로 던져보렴. 돌멩이가 빈 공간으로 날아오르며 그 속도도 조금씩 주는 걸 볼 수 있지? 네가 어느 정도의 힘으로 던졌느냐에 따라 차이는 있겠지만 어느 정도 높이에 오른 돌멩이는 멈추게 된단다. 그리고 왔던 길을 되돌아가 땅으로 떨어져. 하지만 이번에는 그 속도가 점점 빨라지지. 왜 돌멩이가 올라가는 동안은 속도를 늦추고 반대로 내려올 때는 속도가 빨라지는지 아니? 그건 돌과 지구 사이의 중력 때문이란다. 돌은 어떻게든 중력에서 벗어나 허공으로, 또 지구 밖으로 날아오르려 한다고 가정해보자. 그 돌을 던진 힘이 충분하기만 하다면(물론 그러기엔 네 팔의 힘에 한계가 있다만) 영영 어디론가 사라져버릴 거야. 그러니 돌의 미래에는 두 가지 시나리오가 있을 수 있어. 다시 땅으로 떨어지거나 우주로 날아가거나. 그 선택은 돌을 던진 힘에 좌우된단다.

이젠 팽창하는 우주에 대해 이야기를 해보자. 각 은하들은 서로 끌어당김과 동시에 서로에게서 멀어지고 있어. 여기에도 두 가지 시나리오가 가능해. 빅뱅 당시의 충격과 추진력이 충분했다면(이것이 첫 번째 시나리오란다) 은하들은 계속해서 멀어지기만 할 거야. 그 결과 우주는 조금씩 희미해지고, 차가워져서 절대영도에 도달하는 지경에 이르겠지. 이 시나리오를 부르는 명칭이 바로 '빅칠 이론'이야. 두 번째 시나리오를 볼까? 은하들이 서로를 당기는 그 힘에서 '벗어나기에' 빅뱅 당시 충격이나 추진력이 약했다고 생각하자. 그러면 은하들의 운동이 조금씩 느려지고 멈추는 일까지 생기겠지? 초기와는 달리 은하들이 서로서로 모이게 될 거야. 우주의 온도는 '빅크런치'라 불렸던 단계와 같아질 거란 말이지. 아인슈타인의 중력의 법칙에 따르면 이 두 가지 이론이 모두 가능해. 하지만 둘 중 어느 것이 맞는지는 모르지. 은하들의 움직임을 계속 관측해야 그 답을 얻을 수 있을 거야.

이 이야기를 통해 우주의 미래에 대해 우리가 알 수 있는 게 뭐가 있나요?

그 열쇠는 암흑 에너지가 갖고 있는 것 같구나. 문제는 이 암흑 에너지도 시간이 지남에 따라 바뀌는지 아닌지를 모른다는 거지. 앞으로 몇 십억 년이 지나도 바뀌지 않는다면 팽창 속도도 여전히 같을 거야. 빅칠 이론에 가까워지지. 하지만 그 반대로 에너지가 줄어든다면 미래의 빅크런치가 올 때까지 조금씩 온도가 뜨거워지는 거지. 하지만 너무 걱정하지는 마! 몇 백억 년이 지나기 전에 이런 일은 생기지 않을 테니 말이다. 우리가 현재 겪고 있는 지구온난화 현상은 인간들의 각종 활동에 관련이 있단다. 가까운 미래를 내다볼 땐 이 문제가 가장 심각하지.

결국 할아버지의 대답은 미래에 대해 아무것도 모른다는 거네요? 빅크런치의 경우도 마찬가지고요. 하지만 정말 대붕괴가 일어난다면 그 후에 모든 것이 다시 시작되지 않을까요? 또 다른 빅뱅이랄까?

꼭 불가능하다고는 할 수 없을 거야. 인도 전설에 따르면 불사조가 그렇듯 이 세상이 계속해서 다시 태어난다고 하거든.

빅크런치, 그러니까 대붕괴 이론을 뒷받침해주는 논거로 봐도 되나요?

아니, 이건 그냥 재미있는 비교일 뿐이란다.

고민

저는 밤하늘의 별을 보는 게 좋아요. 알아볼 수 있는 별자리도 많은걸요? 아르크투르스, 알타이르, 베가, 데네브⋯⋯ 이 별자리들을 찾아보는 게 얼마나 큰 기쁨인지 몰라요. 벌써 친구가 되었는걸요? 게다가 할아버지의 설명을 들으니 별들이 더욱 더 신비로워 보여요. 망원경을 통해 그렇게 많은 은하며 별들을 관측할 수 있는지 몰랐어요. 신기하기만 한 그런 은하와 별들을요! 게다가 우주의 놀라운 이야기를 배울 수 있다니, 그 과거까지 말이에요⋯⋯

깊은 밤하늘까지 들여다볼 수 있는 기구를 만들기 위해 많은 과학자들이 시간과 공을 아끼지 않았단다. 우리는 운이 참 좋은 셈이지. 그렇게 관측한 결과를 가지고 자신들의 이론을 인정하기도 했고 또 버리기도 했지. 그리고 또 학자들이 내세운 이론을 통해 우주에서 일어나는 일을 우리가 이해하게 된 것이고 말이다. 많은 학자들이 땀을 흘려 가꾼 그 열매를 우리가 거두는 거란다. 지금 이 순간에도 세계 각 곳에서 연구자들이 또 다른 미스터리를 파내기 위해 노력하고 있을 거야.

  내가 강조하고 싶은 것이 하나 있단다. 그건 바로 과거의 역사가 있는 우주에 우리가 살고 있다는 거야. 계속해서 새로운 일이 벌어지고, 그렇게 벌어진 일이 앞으로 있을 또 다른 일에 영향을 주는 그런 우주에 말이야! 한 가지 예를 들어볼까? 1987년 2월 24일이었지. 남반구 하늘에서 마젤란 성운에 있던 별 하나가 폭발하는 걸 육안으로도 볼 수 있었단다. 그 별이 평생을 가꿔온 새 원자들이 폭발을 통해 우주 속으로 날아갔지. 또 다른 예를 들어보자. 이건 14년 전의 일이야. 바로 네가 네 엄마의 배 속에 생겨난 것이란다. 그리고 지금 이렇게 나와 함께 밤하늘을 보며 수많은 질문을 던지고 있잖니……

  이렇듯 하늘과 땅에서 수많은 일이 벌어지고, 그 일들은 모두 내가 '모험 우주'라 부르는 이 우주 대역사의 각 순간을 장식한단다.

우주의 모험이 아니라 모험 우주라고요?

그래, 모험 우주. 내가 하고 싶은 말은 우주 자체가 모험이라는 거야! 상상할 수 없을 정도로 엄청나게 큰 공간, 아니 어쩌면 끝이 없을 그런 공간에서 140억 년 전부터 우주가 살아오고 있잖니. 태양, 우리의 존재, 네 고양이의 삶……이 모든 것은 우주라는 대서사시의 짧은 일화일 뿐이야. 서로 연관이 되었거나 동시에 일어나는 수많은 사건들이 미래로 가는 우주의 발전에 영향을 준단다.

천체학 덕분에 우리 인간들이 세상의 중심이 아니라는 걸 알게 되었어. 여태껏 그렇게 생각해왔지만 말이야. 의자에 앉아 밤하늘을 지켜보는 우리는 수십 억 개도 넘는 은하들 중 어느 한 은하 곁에 위치한 태양이라는 노란 별 주위를 돌고 있는 아주 작은 별 지구에 있는 거란다.

어쩌면 더 놀라운 일일 수도 있는데, 우리가 생각하는 시간이라는 관념이 조금씩 조금씩 그 영역을 확대하고 있단다. 아주 오랫동안 사람들은 이렇게 생각했지. 세상은 몇천 년 전에 태어난 것이라고. 하지만 지금은 어떠니, 수십억 년으로 넓어지지 않았어? 우리네 인생은—가끔은 너무 긴 것처럼 느껴지는 이 삶!—우주의 나이나 태양의 나이에 비교했을 때 짧고도 짧은 것일 수밖에 없단다. 1년에 비해 윙크를 한 번 하는 시간이 짧듯이 말이야. 19세기 미국 작가였던 마크 트웨인은 스스로를 굉장히 중요하다고 생각하는 인간들을 비난할 목적으로 또 다른 예를 들었단다. 인간이라는 존재가 생존하는 그 시간은 에펠탑의 높이에 비해 터무니없이 짧은 페인트칠 두께와 같다고! 당시 사람들은 생명이 출현하기 위해 필요했던 거대한 영역을 이해하지 못했거든. 지식의 기본 구조를 성립하기 위해서는 몇 십억 년이 필요했어. 이건 백억 광년의 값이라고 볼 수 있단다. 이것 역시 과학 연구를 통해 알게 된 위대한 발견이 아닐 수 없지.

와, 정말 놀라워요! 하지만 전 알아요. 할아버지는 이 아름다운 이야기의 다음 내용에 대해 걱정하고 있다는 걸요. 왜 그런 거죠? 뭐가 문제예요?

그래, 현재 우리가 겪고 있는 환경문제에 대해 이야기를 나눠보자. 이 문제는 인류 지식의 발현, 인간 지식의 규모와 가능성, 그리고 인간들이 이뤄낸 쾌거와 간접적으로 관련이 있단다…… 이에 대해 그리스 철학자 플라톤이 다음과 같은 이야기를 했단다. 최초 생물의 탄생 당시 에피메테우스와 프로메테우스라는 형제가 있었어. 그 형제는 각 종들에게 자연적 위험이 닥쳤을 때 그것을 해결할 수 있는 능력을 줬지. 우선 에피메테우스가 일을 시작했어. 코끼리에게는 기억력을, 고양이과 동물들에게는 빠른 속도를, 그리고 새에게는 날 수 있는 능력을 주었단다. 그걸 본 프로메테우스는 에피메테우스가 인간에게 아무런 능력도 주지 않았다는 걸 알았어. 그래서 인간에게는 지식을 선사했지. 그래서 인간은 도구를 만들고 불을 사용할 수 있었던 거야.

아름다운 전설이네요. 하지만 현실은 어땠나요?

첫 인류의 탄생은 2만 년 전으로 거슬러 올라간단다. 당시의 삶이 녹록하지만은 않았어. 포식 동물들로 가득한 땅에서 살아남으려면 스스로를 보호할 줄 알아야 했고, 또 자식을 보호할 줄 알아야 했지. 하지만 인간에게는 그런 위험에서 벗어나기 위한 별다른 능력이 없었단다. 잡아먹히지 않기 위해서는 잡아먹을 수밖에 없었지. 그래서 인간의 지식이 다른 생물들과의 경쟁에서 살아남기 위한 능력처럼 발달하게 된 거란다. 그렇게 본다면 지식이란 바로 조직의 복합화로 인해 여러 동물들이 탄생하고, 인간도 탄생하면서 생긴 새로운 특징이라고 할 수 있겠지? 따라서 지식이라는 것이 모험 우주의 전개에 발을 디딘 것이란다. 하지만 시간이 지나면서 처음에는 유용하기만 했던 이 지식이 문제가 되었어. 우리 인간들은 지식 덕분에 놀라운 효력이 있는 테크놀로지를 발전시킬 수 있었지. 하지만 그게 끝이 아니야. 예를 들어볼까? 한편으로 약을 발명했다면, 또 한편으로는 바닷속을 비워내고, 숲을 파괴하고, 비옥하던 농업용 땅을 망가뜨렸단다. 몇 억 년 전부터 이 땅을 지켜온 수많은 동물들과 식물들의 혈통을 끊어버린 거야. 우리 지구는 영원한 게 아니고, 이 한계에 맞서야 한다는 걸 사람들은 알고 있어. 이걸 환경문제라고 하는 거야. 환경, 생태라는 단어는 집과 관련이 있단다. 그러니 우리가 사는 집을 제대로 유지하지 못하고 있다는 말이 되겠지. 이 생물계와 그 안에 사는 모든 생물들까지도 말이야.

다른 별을 점령하는 걸 고려하는 건 어떨까요?

그게 좋은 해결책이라고 생각지는 않는단다. 곧 똑같은 한계에 부딪칠 테니까. 지금 우리가 하고 있는 일을 반복하는 것밖에는 안 되잖아. 그리고 진정한 해결책의 모색을 늦추는 셈이 되고.

다른 별에도 지식이란 게 나타났다고 가정해봐요. 그럼 지식을 가지고 있는 외계인들에게도 같은 문제가 일어날까요?

지금부터 다룰 문제가 바로 그것이야. 이 문제에 어떤 배경이나 범위를 지정하기 위해 '~라고 가정하자'라는 말이 많이 나올 그런 시나리오가 필요하겠구나.

우리가 지구에서 볼 수 있는 여러 형태의 생명이 있잖아? 그런 생명이 수많은 별에서 진화할 수 있었다고 가정하자. 진화의 단계 역시 지구에서와 다름이 없었다고도 가정해보자꾸나. 이건 가정일 뿐이지만 이로부터 배울 점이 많을 거야. 몇 십억 년 전부터 각 은하에서는 끊임없이 새로운 별이 생겨. 어떤 별은 45억 년을 산 태양보다 먼저 태어났고, 또 어떤 별은 아주 최근에 태어났어. 그러니 그 별들의 위성 시스템도 각기 나이가 다를 거야. 여러 별들로 여행을 떠난다고 상상해보자. 어떤 별에서는 아주 원시적인 생물을 볼 수 있겠지? 미지근한 물 표면에서 번식하는 미생물 같은 것 말이야. 또 다른 별에서는 늪지대를 누비는 파충류를 만날 수 있을 거야. 또 다른 별에서는 초창기의 꽃들에게 꽃가루를 가져다주는 새를 발견할 수 있을 거고. 또 다른 별에서는 그들이 살고 있는 동굴에 그림을 그릴 만한 지식을 갖춘 존재를 만날 수도 있겠지?

앞으로 백 년, 천 년, 아니, 백만 년 후 우리 지구의 모습과 비슷한 그런 생물계를 찾을 수도 있어요? 과연 어떨까요? 그걸 알면 우리의 미래가 어떨지 예상할 수 있잖아요! 크리스털 구슬을 보면서 미래를 점치듯이 말이에요!

네 질문을 통해 우리가 현재 처한 상황을 다시금 생각해볼 수 있겠구나. 우리에게 닥친 여러 문제들이 있잖니? 그런 문제들을 다른 문명은 이미 경험했을 수도 있다고 상상할 수 있겠지. 우리가 그런 것처럼 말이다. 예를 들어볼까? 다양한 테크놀로지와 공존하는 문제, 산업 영향으로 생물계가 파괴되는 것을 막는 문제 등이 있을 수 있어. 우리가 한창 겪고 있는 환경문제는 세계적인 현상일 수 있단다. 수준 높은 지식이 만들어낸 복합 발전이 있는 곳에는 어디든지 따라다니는 의무적인 단계라고 볼 수 있지. 생물체가 나타난(혹은 나타날) 모든 별의 지식인들이 따라야 할 일종의 시험이라고도 할 수 있어. 바로 이 시험에서 지식의 운명이 결정되는 것이지. 과연 이러한 지식이 제대로 잘 활용되어 문제를 풀어나갈 수 있는가? 공교롭게도 모든 걸 물려받은 자손들과 함께 이 지식 역시 사라지지 않을 가능성이 있는가가 결정되는 것이야. 바로 이 자손들이 태어날 생물계에서 말이다. 천체 간을 오가는 우리의 탐험을 통해 여러 예를 볼 수 있단다. 지식을 가진 존재들이 위에서 말한 시험을 제대로 통과한 바로 그곳에서 우주 탐험의 계속될 테지. 그리고 또 다른 정상으로 향하는 진화가 이루어질 테고, 우리가 미처 상상도 할 수 없는 그런 진화 말이야. 반대의 경우가 있을 수도 있겠지? 시험에 제대로 통과하지 못한다면 그 존재들이 이미 한 일 때문에 생겨날 피해가 만만치 않을 거야. 그리고 그 난리 통에 살아남은 생존자들은 잔해 속에서 다시 생명의 끈을 이어가겠지. 만일 우리 지구에서, 그러니까 우리 인간들의 지식이 위와 같은 경우에 처한다면? 인간의 창의력이 빚어낸 성과들―예술, 과학―마저도 파괴되고 잊히는 거야. 모차르트며 반 고흐라는 이름은 더 이상 아무 가치가 없게 되는 것이지. 상부상조의 덕이며 고통 받는 사람들에 대한 동정심도 잃어버리게 되겠지?

네…… 하지만 얼마 정도의 시간이 흐르면 다시 진화가 시작되지 않을까요? 이제는 식어버린 재 위에서 다시 시작되는 거죠.

그래, 네 말이 맞아. 여느 별과 마찬가지로 태양 역시 몇 십억 년을 더 살지 않겠니? 그러니 지식이 다시 살아 숨 쉴 수 있는 기회도 올 수도 있지. 누가 알아? 그게 계속될 기회를 잡을지?

그럼 왜 그런 기회를 지금 당장 노리지 않는 거죠? 지금이라도 해볼 수 있잖아요!

그 답은 현대를 살아가고 있는 지구인들에게 달려 있겠지……

옮긴이 **강미란**

중앙대 불문과에서 학사와 석사를 마쳤다. 보르도3대학에서 외국인을 위한 불어교육 석사 과정을 마치고 현재는 ESIT(파리 통번역대학원)에서 번역학을 연구하고 있다. 옮긴 책으로는 『그림자 도둑』, 『낮』, 『바보들은 다 죽어버려라』, 『차마 못 다한 이야기들』, 『다이어트 소설』, 『샤바의 소년』 등이 있다.

할아버지가 들려주는
우주이야기

초 판 1쇄 발행 2011년 4월 27일
초 판 9쇄 발행 2017년 4월 10일

지은이 위베르 리브스
옮긴이 강미란
펴낸이 정중모
펴낸곳 도서출판 열림원

등록 1980년 5월 19일(제406-2000-000204호)
주소 경기도 파주시 회동길 121(문발동)
전화 031-955-0700 | 팩스 031-955-0661~2
홈페이지 www.yolimwon.com | 이메일 editor@yolimwon.com
트위터 twitter.com/Yolimwon

ISBN 978-89-7063-690-0 13100
책값은 뒤표지에 있습니다.